Sorin Iorga
Mona Elena
Oana Mihaela Dumitru

Causas e dimensões do desperdício alimentar nos agregados familiares da Roménia

Sorin Iorga
Mona Elena
Oana Mihaela Dumitru

Causas e dimensões do desperdício alimentar nos agregados familiares da Roménia

ScienciaScripts

Imprint

Any brand names and product names mentioned in this book are subject to trademark, brand or patent protection and are trademarks or registered trademarks of their respective holders. The use of brand names, product names, common names, trade names, product descriptions etc. even without a particular marking in this work is in no way to be construed to mean that such names may be regarded as unrestricted in respect of trademark and brand protection legislation and could thus be used by anyone.

Cover image: www.ingimage.com

This book is a translation from the original published under ISBN 978-620-2-31162-5.

Publisher:
Sciencia Scripts
is a trademark of
Dodo Books Indian Ocean Ltd. and OmniScriptum S.R.L publishing group

120 High Road, East Finchley, London, N2 9ED, United Kingdom
Str. Armeneasca 28/1, office 1, Chisinau MD-2012, Republic of Moldova, Europe
Managing Directors: Ieva Konstantinova, Victoria Ursu
info@omniscriptum.com

Printed at: see last page
ISBN: 978-620-8-38729-7

CONTEÚDO

CAPÍTULO 1

CONTEXTO GERAL DO PROBLEMA DOS RESÍDUOS ALIMENTARES

O desperdício alimentar é referido a nível internacional pela FAO como um fenómeno importante, suscetível de afetar a segurança alimentar mundial. Neste contexto, tanto as organizações internacionais como as instituições europeias e os governos nacionais começaram a rever os actos normativos para regulamentar os planos de ação em matéria de desperdício alimentar e os objectivos pretendidos. Embora o nível de acessibilidade das fontes alimentares tenha aumentado, continua a registar-se um elevado nível de subnutrição no mundo. Os alimentos perdem-se durante a produção ou, mais tarde, como resíduos, devido a um consumo inadequado, a estratégias de comercialização e a uma legislação inadequada.

As causas do desperdício alimentar não são sempre as mesmas; diferem consoante a fase da cadeia de abastecimento alimentar, o tipo de produto e o local onde os alimentos são desperdiçados. Se a cadeia alimentar for dividida em cinco sectores (produção agrícola, gestão e armazenamento, transformação, distribuição e consumo), é possível observar os diferentes comportamentos em cada sector que levam à eliminação de alimentos perfeitamente comestíveis: desde as perdas registadas durante a colheita e o armazenamento, ao transporte inseguro, aos erros de rotulagem e aos maus hábitos dos consumidores finais na compra e utilização dos alimentos.

O desperdício alimentar é um fenómeno com profundas implicações na sociedade moderna, tendo implicações éticas, económicas e ambientais, no que diz respeito à limitação dos recursos naturais.

Como este tipo de pressão sobre a segurança alimentar tende a ter grandes implicações económicas, sociais e ambientais, o objetivo da União Europeia é reduzir o desperdício alimentar para metade. Além disso, os Estados-Membros da UE começaram a reavaliar os quadros legislativos nacionais, com o objetivo de desenvolver políticas públicas integradas que visem a redução do desperdício alimentar.

A aplicação de instrumentos de política pública para gerir os resíduos alimentares é muito importante para apoiar uma gestão adequada nesta matéria.

1.1. Instrumentos de política pública

Estas políticas que podem ser aplicadas para reduzir os resíduos alimentares e gerir os resíduos alimentares dividem-se em várias categorias:

- instrumentos económicos;

- instrumentos regulamentares;

- ferramentas administrativas;

- ferramentas de informação.

1.1.1. Instrumentos económicos

O objetivo dos instrumentos económicos é encorajar a mudança do nosso comportamento de modo a conseguir uma gestão de resíduos amiga do ambiente. Isto pode ser conseguido quer estimulando o comportamento/atividade desejado (por exemplo, fornecendo subsídios para certos investimentos na reciclagem de resíduos alimentares), quer aumentando o custo do comportamento/atividade indesejado (taxas aplicadas à eliminação de produtos agro-alimentares, taxas de armazenamento).

Atualmente, na Roménia, os instrumentos mais económicos implementados são os relativos à tributação adicional, como a ecotaxa aplicada aos sacos de compras, o imposto sobre o petróleo e a taxa de aterro (aplicável a todos os resíduos).

Todos estes instrumentos estão previstos no GEO 196/2005 relativo ao Fundo para o Ambiente, com alterações e aditamentos subsequentes. O mecanismo de aplicação dos instrumentos está estipulado no Despacho do Ministério das Águas e Florestas n.º 192/2014 relativo à alteração do Despacho do Ministro do Ambiente sobre a gestão da água n.º 578/2006 para aprovação da Metodologia de cálculo do Fundo Ambiental. 192/2014 relativo à alteração do Despacho do Ministro do Ambiente sobre a gestão da água n.º 578/2006 para a aprovação da metodologia de cálculo das contribuições e taxas devidas ao Fundo Ambiental.

Para além destas ferramentas, na legislação existe ainda um instrumento que remete para o estímulo do comportamento/atividade desejado, nomeadamente o sistema de armazenamento de embalagens reutilizáveis.

Os regimes de responsabilidade alargada do produtor (REP) devem também ser incluídos na categoria de instrumentos económicos para favorecer a redução dos resíduos alimentares.

1.1.2. Instrumentos regulamentares

Os principais instrumentos regulamentares atualmente aplicados na Roménia são:

- sanções pagas por incumprimento dos requisitos legislativos para os seguintes fluxos de resíduos com ER: resíduos de embalagens, pneus usados, resíduos de equipamentos eléctricos e electrónicos, pilhas portáteis;

- a sanção paga pelas unidades administrativo-territoriais no caso de não ter sido indicado o objetivo de redução da quantidade de resíduos armazenados;

- restrições à armazenagem de resíduos;

- contravenções sancionadas com coimas por incumprimento de obrigações legais.

Atualmente, um dos instrumentos regulamentares para estimular a utilização dos resíduos urbanos, estipulado pelo Decreto Governamental de Emergência 196/2005 relativo ao Fundo Ambiental, com as suas alterações e complementos subsequentes, é uma contribuição de 100 lei / tonelada, paga às unidades territoriais administrativas ou às subdivisões administrativas territoriais dos municípios, no caso de não se atingir o objetivo anual de redução de 15% das quantidades de resíduos eliminados por armazenamento, sendo o pagamento calculado pela diferença entre a quantidade que representa 85% da quantidade armazenada no ano anterior.

1.1.3. Ferramentas administrativas

Os principais instrumentos administrativos atualmente aplicados na Roménia no sector da gestão de resíduos são:

- estruturas administrativas e procedimentos de autorização e inspeção das instalações de gestão de resíduos;

- bases de dados sobre gestão de resíduos;

- apoio das autoridades públicas nos processos de delegação de serviços de saneamento.

1.2. Legislação sobre a redução dos resíduos alimentares no contexto europeu

A nível da UE, o projeto FUSION, iniciado em agosto de 2012, teve como objetivo investigar e documentar o fenómeno do desperdício alimentar e identificar formas de o quantificar. O projeto, finalizado em julho de 2016, lançou um manual que será a base para medir o desperdício de alimentos a nível europeu. 21 parceiros de 13 países, reunindo universidades, organizações de consumidores, institutos de investigação, membros do sector privado e estatal, contribuíram para a elaboração do manual, a fim de harmonizar a monitorização do desperdício alimentar, melhorar o conhecimento e também desenvolver uma forma comum de redução do desperdício alimentar.

Além disso, a nível da CE, foram elaborados guias de boas práticas com a ajuda dos grupos de trabalho de peritos de todos os Estados-Membros, a fim de apoiar especialmente os membros da Europa Oriental no processo de criação de bancos alimentares.

A Comissão apresentará regras que incentivam as actividades de reutilização e doação, pelo que serão envidados esforços para melhorar a aplicação do prazo de validade, examinar possíveis opções para o melhorar e controlar os produtos agro-alimentares com rótulos falsos ("biológicos").

Vários Estados-Membros da UE já adoptaram uma série de medidas para prevenir e reduzir o desperdício alimentar entre 2012 e 2014. Entre os países envolvidos neste programa, podemos destacar: Reino Unido, Escócia, França, Holanda, Bélgica, Espanha e os países do Norte.

No que diz respeito aos Estados-Membros da UE do Sudeste da Europa, começaram um pouco mais tarde, uma vez que o contexto dos resíduos alimentares é ligeiramente diferente do dos países ocidentais e setentrionais.

O Reino Unido estabeleceu, já em 2011, políticas públicas para prevenir e pôr termo ao desperdício alimentar. No entanto, estas estão ligadas a políticas de reciclagem e gestão de resíduos, tanto a nível nacional como local.

A França também implementou uma disposição legislativa referente à prevenção e mitigação do desperdício alimentar no ano passado, mas tem um carácter voluntário para os operadores de empresas do sector alimentar (Lei n.º 138, de 11 de fevereiro de 2016, relativa à luta contra o desperdício alimentar). A Itália também dispõe de uma base legislativa que conduzirá à redução dos resíduos alimentares no futuro e, em 2016, foi adoptada a Lei n.º 166 relativa à redução dos resíduos alimentares ao longo da cadeia alimentar.

A União Europeia é responsável pelas políticas de proteção dos consumidores e dos animais, as normas impostas pelos regulamentos da UE não podem ser comprometidas, pelo que a resolução do problema do desperdício alimentar tem de ter em conta as novas oportunidades e soluções tecnológicas para prevenir e controlar o desperdício.

A UE lançou o pacote da economia circular na primavera de 2016, do qual os resíduos alimentares são parte integrante, sendo a abordagem orientada para a prevenção.

O objetivo de uma economia circular é preservar e manter, tanto quanto possível, o valor dos produtos, materiais e recursos na economia, minimizando a produção de resíduos. Esta solução pode impulsionar a economia e a competitividade, criando novas oportunidades de negócio e novos modelos de produção e consumo. Pode criar empregos altamente qualificados e novas oportunidades de integração social e de coesão. O ciclo de acções que pode ter lugar sob a influência de uma economia circular aborda as seguintes questões: produção, consumo, matérias-primas secundárias, inovação e investimento, gestão de resíduos. O plano de ação para uma economia circular a nível europeu estabelece medidas para "fechar o ciclo" da economia circular, abrangendo todas as fases de vida de um produto: desde a produção e o consumo até à gestão de resíduos e ao mercado de matérias-primas secundárias. O plano de ação inclui igualmente uma série de acções que abordarão os obstáculos ao comércio em determinados sectores ou fluxos de materiais como os plásticos, os resíduos alimentares, as matérias-primas secundárias essenciais, os resíduos de construção e demolição, a biomassa, os produtos orgânicos e os subprodutos de origem animal ou vegetal, bem como medidas horizontais em domínios como a inovação e o investimento. O plano pretende centrar-se em medidas em áreas onde a ação a nível da UE pode trazer valor acrescentado e mudanças práticas reais.

Dado que as matérias-primas primárias desempenham um papel importante no processo de produção, a criação de fontes sustentáveis de matérias-primas é importante a nível da UE. Devem ser promovidas as melhores práticas em matéria de conceção inteligente dos produtos, a fim de facilitar a sua reparação, reembalagem e reciclagem.

Na Lista Europeia de Resíduos, os resíduos urbanos encontram-se em Resíduos Municipais e Resíduos Assimiláveis do Comércio, Indústria, Instituições, incluindo o capítulo das fracções recolhidas separadamente, sendo estes apenas quantificados quantitativamente, não recolhidos separadamente. Há Estados-Membros da UE que atribuíram e definiram os tipos de resíduos e os seus destinos através de legislação.

Em termos de consumo, as escolhas dos consumidores são o motor das acções de apoio à economia circular; é importante aumentar a transparência e a fiabilidade da informação para que os cidadãos possam fazer escolhas informadas; isto é importante para prevenir e reduzir a produção de resíduos. A tónica será colocada na promoção dos contratos públicos ecológicos (CPE) e serão identificados critérios para os CPE. A Comissão Europeia terá especificamente em conta, nos seus trabalhos sobre a conceção ecológica, os requisitos de sustentabilidade proporcionados, a disponibilidade de informações sobre reparações e a disponibilidade de peças sobresselentes e, nas futuras medidas de rotulagem energética, considerará a possibilidade de introduzir informações sobre questões de sustentabilidade.

1.3. Legislação nacional em matéria de resíduos

A regulamentação governamental e a clarificação das regras e leis sobre o desperdício alimentar são a favor dos grupos comunitários. Isto poderia implicar a legalização e o incentivo de redes de cidadãos, ONG, bancos alimentares e organizações comunitárias sem fins lucrativos que queiram participar no processo de redução do desperdício alimentar, permitindo assim o processamento e a venda de alimentos e produtos residuais, cumprindo as regras e regulamentos de higiene sem afetar a segurança alimentar.

Os bancos alimentares são sistemas complexos que precisam de ser desenvolvidos e tornados mais eficientes, e não apenas organizações de caridade, sendo frequentemente locais cruciais para pessoas pobres e isoladas e tendo um objetivo social, especialmente para pessoas vulneráveis (os idosos). No entanto, mesmo que os bancos alimentares tenham vontade de realizar mais actividades de base comunitária, muitas vezes não dispõem de fundos, pessoal ou tempo suficientes. Por isso, é necessário adotar legislação que incentive a criação de bancos alimentares na Roménia, para dar início a novos conceitos, como cozinhas colectivas, workshops de culinária para mães solteiras e vulneráveis, hortas urbanas, programas de compostagem e eventos comunitários, que irão gerar sistemas alimentares locais e seguros.

Estes novos conceitos oferecerão a possibilidade de integrar pessoas que, de outra forma, não poderiam comprar nos supermercados, para que possam ter acesso a alimentos aceitáveis.

Na maior parte dos países, os sistemas de saúde, de saneamento, de agricultura, de comércio e de saúde municipal são frequentemente desequilibrados, o que conduz geralmente a uma cadeia alimentar longa e desequilibrada a que nem todos os consumidores têm acesso.

Estas políticas podem permitir uma transformação do sistema alimentar num sistema que responda às necessidades das pessoas.

A noção de resíduos urbanos é definida na legislação romena pela lei HG 349/2005, com as alterações subsequentes, e pela lei 101/2006 relativa ao serviço de saneamento. De acordo com as duas definições, os resíduos urbanos abrangem os resíduos domésticos e outros resíduos que, pela sua natureza, são semelhantes aos primeiros.

1.3.1. Classificação dos resíduos urbanos biodegradáveis

A classificação dos resíduos urbanos biodegradáveis baseou-se na classificação das quantidades de resíduos e na composição de cada categoria/tipo de resíduos separadamente, nomeadamente:

- resíduos domésticos e similares - resíduos biológicos, resíduos de papel e cartão, resíduos de madeira e a fração biodegradável dos resíduos têxteis;

- resíduos de jardins e parques - resíduos biológicos, incluindo folhas e detritos resultantes do corte de relva;

- resíduos de mercado - resíduos biológicos, resíduos de papel e cartão e resíduos de madeira;

- resíduos rodoviários - resíduos biológicos, resíduos de papel e de cartão e resíduos de madeira.

De acordo com a lei, a única autoridade de gestão de resíduos urbanos é a autoridade pública local, que só pode delegar a exploração dos serviços de saneamento a operadores de saneamento licenciados. Os resíduos urbanos recolhidos pelos produtores (domésticos e não domésticos) são transportados para instalações de tratamento/reciclagem/valorização e/ou para instalações de eliminação. Todas estas instalações são exploradas exclusivamente por operadores autorizados que comunicam anualmente às autoridades ambientais os dados relativos às quantidades de resíduos geridos. Em conformidade com as disposições da HG 349/2005 sobre o armazenamento de resíduos, os resíduos biodegradáveis são definidos como resíduos que sofrem decomposição anaeróbica ou aeróbica, tais como resíduos alimentares ou de jardim, papel e cartão. No que respeita ao tratamento dos resíduos urbanos biodegradáveis, a compostagem é o principal método utilizado.

Neste contexto, em 2015, foram lançadas na Roménia as primeiras propostas legislativas sobre o desperdício de alimentos. As iniciativas legislativas foram propostas por dois legisladores romenos, mas as primeiras propostas destinadas a combater e diminuir o desperdício alimentar estavam pouco representadas em termos de qualidade legislativa. Em novembro de 2015, o Senado aprovou uma das propostas legislativas para combater o desperdício alimentar, a PLX. 842/2015 que, uma vez aprovado, proibiria os retalhistas de deitar fora alimentos fora de prazo. No entanto, o texto do ato legislativo não especificava como se daria a transferência entre os comerciantes e as organizações beneficiárias. De acordo com os actores envolvidos, havia ainda muitas questões que precisavam de ser esclarecidas antes de a lei poder ter os efeitos inicialmente previstos.

A outra proposta legislativa para reduzir os resíduos alimentares PLX. 85/2015 era um pouco mais ampla. Além da proibição de destruir produtos com prazo de validade vencido, o texto também prevê diversas opções de reavaliação que os varejistas podem ter:

- doar alimentos ainda bons para consumo humano a fundações ou associações humanitárias,

- encaminhar os que já não podem ser utilizados pelos seres humanos para consumo animal, e os que já não podem ser consumidos pelos seres humanos ou pelos animais - para estações de biogás ou para o sector agrícola para serem transformados em composto.

As duas leis foram unidas após uma série de consultas com representantes do Ministério da Agricultura e do Desenvolvimento Rural e de outras autoridades com atribuições nesta área, do sector retalhista e do sector das ONG.

Em 2016, as duas propostas legislativas foram unificadas, dando origem a uma única proposta legislativa para reduzir o desperdício alimentar PLX. 85/2015. Ela recebeu votos favoráveis na Câmara dos Deputados, que era uma câmara decisória, e em outubro de 2016 a lei aguarda ser promulgada pelo presidente.

A nova proposta legislativa é mais complexa e abrange todos os elos da cadeia agroalimentar, inclui medidas para evitar o desperdício alimentar e abrange as etapas da pirâmide de resíduos alimentares, em conformidade com a economia circular à escala da UE:

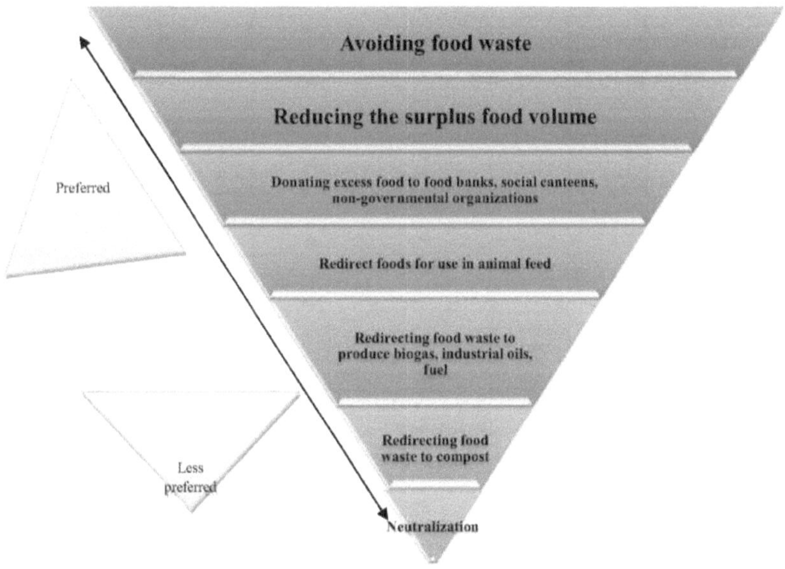

Figura 1. A pirâmide da gestão dos resíduos alimentares, utilizada a nível mundial no contexto da economia circular

No entanto, a presente proposta de lei não abrange toda a legislação conexa, dada a elevada complexidade dos resíduos alimentares.

Em fevereiro de 2015, o Ministério das Finanças Públicas deu uma resposta negativa a uma pergunta de um deputado romeno sobre a possibilidade de isentar de IVA os produtos agro-alimentares doados. No entanto, na sequência desta troca de pontos de vista, o novo Código Fiscal romeno, que entrou em vigor em 1 de janeiro de 2016, indica que a base tributável dos "bens alimentares cujo prazo de validade tenha ultrapassado o seu termo e que já não possam ser avaliados" será determinada nas normas metodológicas pertinentes. O atual projeto de normas metodológicas (versão de dezembro de 2015) fixa a base de tributação destes produtos em zero se forem concedidos gratuitamente a organizações não patrimoniais, a instituições públicas ou a unidades de culto.

O Ministério das Finanças Públicas explicou que, do ponto de vista do IVA, de acordo com as orientações emitidas pelo Comité Europeu do IVA, as doações de alimentos devem ser tratadas como uma entrega de bens paga a título oneroso e sujeita a IVA, sendo o imposto representado pelo preço de compra dos bens doados, ajustado em função do estado dos bens no momento em que a doação é efectuada.

No entanto, o código fiscal romeno prevê a possibilidade de a doação de "bens de pequeno valor" no âmbito de contratos de patrocínio não ser considerada uma entrega de bens se o valor total desses bens não exceder 3% do volume de negócios, caso em que o IVA não é cobrado. Se o sujeito passivo provar que os bens foram destruídos, o IVA também não é cobrado.

Devido à falta de incentivos relacionados com o imposto sobre as sociedades que possam encorajar as doações, estas não são uma prática muito comum na Roménia.

De acordo com o Código Fiscal (artigo 25.º, n.º 4, alínea i)), os custos com produtos doados (considerados como "custos de patrocínio", também conhecidos como despesas relacionadas com um contrato de patrocínio) são diretamente dedutíveis ao imposto sobre o rendimento devido, até ao valor mínimo dos seguintes: 0,5% do volume de negócios; 20% do imposto sobre o rendimento a pagar.

A Autoridade Nacional Sanitária, Veterinária e de Segurança Alimentar (ANSVFA) indicou que, de acordo com a sua interpretação da legislação atual, a doação de "alimentos fora de prazo" não é legal; no entanto, as sanções aplicáveis em caso de incumprimento não são claras. Além disso, as autoridades indicaram que o significado de "géneros alimentícios que já não podem ser resgatados" não é claro e que todo o processo não pode ser controlado.

De acordo com a alínea c) do n.º 4 do artigo 25.º do novo Código Fiscal, os géneros alimentícios destruídos ou com prazo de validade expirado são despesas dedutíveis ao imposto sobre o rendimento. No caso dos géneros alimentícios destruídos, o sujeito passivo deve provar que a destruição foi efectuada.

Atualmente, o valor dos alimentos doados não é registado separadamente na declaração fiscal, mas é declarado juntamente com outras despesas de patrocínio. Por conseguinte, as declarações fiscais não podem extrair informações sobre as quantidades de géneros alimentícios doados.

Embora a Comissão Europeia tenha recomendado aos Estados-Membros que fixem a matéria coletável do IVA a um nível bastante baixo (próximo de zero) se a doação ocorrer perto da data de durabilidade mínima, as autoridades romenas ainda não alteraram o Código Fiscal para seguir esta recomendação.

Se for adotado na sua forma atual, o projeto de proposta relativo à fixação da matéria coletável em zero no que respeita às doações de "géneros alimentícios fora de prazo" não incentiva as doações na prática, uma vez que o tratamento é o mesmo que o da destruição dos géneros alimentícios. As dificuldades relativas à noção de bens alimentares cuja "data de consumo expirou" e a falta de clareza quanto à noção de "bens alimentares que já não podem ser capitalizados" também contribuem para este problema.

As despesas relacionadas com o prazo de validade ou a destruição de alimentos fora de prazo são inteiramente dedutíveis do cálculo do imposto sobre os lucros, enquanto as despesas relacionadas com doações de alimentos podem ser deduzidas diretamente do imposto devido em determinadas condições (se for assinado um contrato de patrocínio) e dentro de um determinado limite.

Uma vez que os dados relativos aos alimentos doados não são registados separadamente nas declarações de rendimentos das empresas, não é possível utilizá-los como fonte de informação para identificar os fluxos de alimentos que são doados.

A nível nacional, é necessário um plano de ação que estabeleça um programa concreto e ambicioso, incluindo propostas legislativas fundamentais em matéria de resíduos, fertilizantes e reutilização da água; compromissos firmes em matéria de conceção ecológica; desenvolvimento de abordagens estratégicas para a gestão dos plásticos e dos produtos químicos perigosos; acções específicas em domínios como os resíduos alimentares, as matérias-primas críticas, os resíduos industriais e mineiros, o consumo, os contratos públicos, etc.

A lei recentemente aprovada pela Câmara dos Deputados **PLX. 85/2015**, tem como objetivo diminuir o desperdício de alimentos. Para efeitos desta lei, o desperdício de alimentos refere-se à situação em que os alimentos estão fora do consumo humano devido à degradação ou são destruídos.

Os operadores económicos do sector agroalimentar são obrigados a tomar medidas para evitar o desperdício alimentar. Estas medidas são levadas a cabo de acordo com a hierarquia de prevenção da produção de resíduos alimentares, como se segue:

a) medidas de responsabilidade para diminuir o desperdício alimentar na cadeia agroalimentar, desde a produção, transformação, armazenamento, distribuição, comercialização, até ao consumidor final (hotelaria ou serviços alimentares);

b) Reajusta a venda a baixo preço de produtos perto da data de validade do consumo, de acordo com a legislação em vigor;

c) Medidas relativas à cedência de géneros alimentícios, por doação ou mecenato, para consumo humano, mas em data próxima do termo do prazo de consumo, a entidades que se tenham tornado operadores agro-alimentares em resultado do registo na ANSVFA, com a obrigação de observância das disposições legais relativas às condições de higiene, incluindo requisitos de temperatura para armazenamento e transporte, bem como de rotulagem adequada;

d) Medidas destinadas aos subprodutos não destinados ao consumo humano, em conformidade com o Regulamento (CE) n.º 1774/2002 do Parlamento Europeu e do Conselho, de 3 de outubro de 2012, que estabelece regras sanitárias relativas aos subprodutos animais não destinados ao consumo humano, para o consumo de determinadas categorias de animais, nas condições estabelecidas na legislação veterinária em vigor relativa à eliminação de subprodutos animais;

e) Medidas destinadas aos produtos agro-alimentares que se tornaram impróprios para consumo humano ou animal através da transformação em composto, em conformidade com a legislação veterinária em vigor sobre a eliminação de subprodutos animais não destinados ao consumo humano e com a legislação ambiental;

f) Medidas destinadas aos produtos agro-alimentares que se tornaram impróprios para consumo humano ou animal para a sua capitalização através da transformação em biogás, de acordo com a legislação ambiental e a legislação sanitária veterinária em vigor;

g) medidas relativas ao encaminhamento para uma unidade de neutralização autorizada dos produtos deixados após as etapas previstas nas alíneas a) a f).

Os alimentos com data de validade próxima do termo, provenientes de donativos ou patrocínios, são destinados a operadores do sector agroalimentar que estão proibidos de vender alimentos, seja de que forma for, a outros operadores do sector alimentar ou diretamente ao consumidor final.

As associações e fundações que operam com base no Decreto do Governo n.º 26/2000, aprovado com alterações e aditamentos pela Lei n.º 246/2005, bem como as empresas sociais que operam ao abrigo da Lei 219/2015 sobre a economia social, que se tornam operadores no sector agroalimentar, podem vender alimentos perto da data de validade do consumo se estiverem activas no domínio da assistência social.

Os operadores do sector agroalimentar podem oferecer alimentos perto da data de expiração do consumo por um máximo de 3% + IVA do preço de compra para os comerciantes e 3% + IVA do preço de produção para os produtores e transformadores a associações, fundações e empresas sociais

As associações e fundações podem comercializar até 25% dos alimentos oferecidos, até 25% + IVA do preço de produção em caso de aquisição pelos produtores ou transformadores.

A cedência de alimentos a entidades registadas na ANSVFA tem por base um contrato de doação ou patrocínio.

O Ministério da Agricultura e do Desenvolvimento Rural elaborará as normas metodológicas para a sua aplicação, que serão aprovadas por decisão governamental, no prazo de seis meses a contar da data de publicação da lei no Jornal Oficial da Roménia. Devem ser tomadas medidas para reduzir o desperdício alimentar desde a cadeia agroalimentar, começando pela produção, transformação, armazenamento, distribuição e comercialização, até ao consumidor final, incluindo a indústria hoteleira e de restauração, e para sensibilizar e educar os consumidores. A divulgação desta informação junto dos consumidores finais de produtos agro-alimentares conduzirá a uma mudança de mentalidades e a um consumo responsável e sustentável, num futuro próximo.

É igualmente necessário separar a recolha de resíduos, alargar os sistemas de recolha de resíduos nas zonas urbanas e rurais, criar e utilizar sistemas e mecanismos económicos e financeiros para a gestão dos resíduos, respeitando os princípios gerais, nomeadamente o princípio do "poluidor-pagador".

Outras medidas que podem reduzir o desperdício alimentar e que estão ao alcance do governo são as medidas de rotulagem dos produtos agro-alimentares (os produtos que estão no limiar de validade podem receber uma rotulagem distinta que o consumidor possa identificar facilmente, de modo a que a decisão de compra seja tomada conscientemente).

O rótulo ecológico é um símbolo que os fabricantes podem aplicar aos produtos para sublinhar que estes são amigos do ambiente. Na Roménia, os rótulos ecológicos são geralmente aplicados numa base voluntária. Os equipamentos eléctricos e electrónicos cuja rotulagem relativa à eficiência energética é obrigatória constituem uma exceção.

É necessária uma ação legislativa a nível dos Estados-Membros da UE e políticas públicas para reduzir o desperdício alimentar. A nível da UE, estima-se que, a partir de 2020, haja a possibilidade de um novo regulamento europeu cujo principal objetivo seja a redução do desperdício alimentar e que obrigue à criação de políticas públicas sustentáveis. A Comissão já lançou um manual conjunto para todos os Estados-Membros sobre a quantificação dos resíduos alimentares.

CAPÍTULO 2

CONTEXTO MUNDIAL DO CONSUMO DAS FAMÍLIAS

As estimativas da FAO em 2012 sugeriam a necessidade urgente de aumentar a oferta global de alimentos em mais de 60% no ano 2050. Nesta perspetiva, a necessidade de uma boa gestão alimentar tornou-se uma prioridade absoluta.

Em 2013, a FAO estimou o nível de perda de alimentos a nível mundial em um terço. Basicamente, estas perdas atingiram o nível da segunda economia mundial - a economia da China, que representa 32 mil milhões de dólares.

A nível de 2008, o Eurostat avaliou os resíduos alimentares nos agregados familiares em mais de 48 kg/pessoa/ano, o que representa cerca de 21% do total de perdas na cadeia alimentar da UE-27, que ascende a 116 milhões de toneladas.

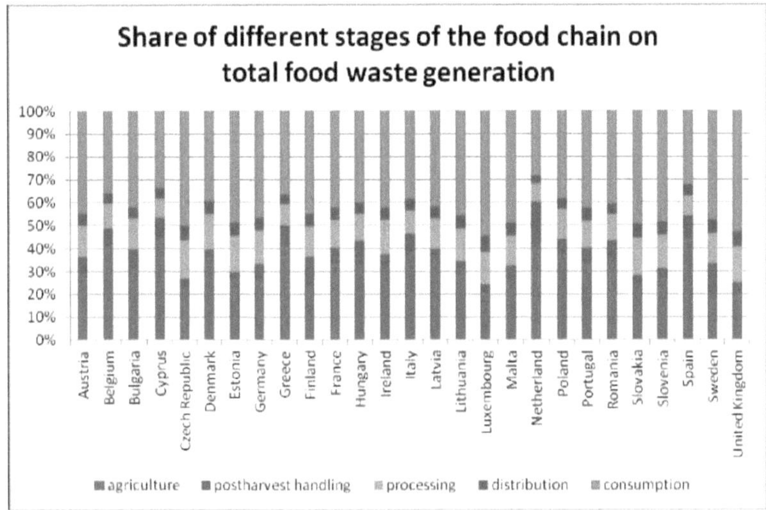

Figura 2. A percentagem das diferentes fases da cadeia alimentar em relação aos resíduos alimentares gerados na UE-27 (cálculos do ITAS)

As estatísticas mostram que cerca de 60% do total de resíduos alimentares nos agregados familiares na Europa se enquadram na categoria de perdas evitáveis e são produtos perfeitamente comestíveis. Outra proporção importante de 20% é potencialmente reutilizável no consumo - por exemplo, os pães. Apenas 20% dos resíduos alimentares depositados nos lares podem ser considerados inevitáveis - entre eles, cascas de legumes e ossos.

Tudo isto no contexto do facto de 1 kg de alimentos atirados para os lares manter o valor económico mais elevado, somando os valores acumulados em toda a cadeia alimentar.

Entre as causas geradoras de resíduos, o incentivo a um comportamento consumista ocupa um lugar de destaque. Vários estudos têm sugerido uma ligação entre o aumento dos níveis de bem-estar individual e o desperdício doméstico, o que se reflecte em todas as sociedades e não apenas nas desenvolvidas. As classes altas tendem a ter um comportamento de desperdício de recursos alimentares.

Além disso, o preço-objetivo aumentou de forma constante, mais acentuada no século passado e um pouco mais ponderada depois de 2000, juntamente com o aumento do poder de compra da população, de modo que a parte das despesas alimentares caiu de 50% no início do século passado para uma média de 10% e não mais de 20% na U27, o que levou a um declínio geral da apreciação dos alimentos.

Outra caraterística é dada pelas mudanças no comportamento familiar. Cada vez mais famílias já não têm uma pessoa responsável exclusivamente pelo cuidado dos seus agregados familiares, sendo a maior parte das vezes ambos os pais empregados, pelo que a consciência da necessidade de uma gestão alimentar familiar diminuiu. Além disso, há um número crescente de famílias que não têm tempo para planear responsavelmente as suas compras numa base diária e recorrem ao sistema de compras semanais regulares de, por exemplo, grandes quantidades de alimentos com base no momento, que não são validadas durante o consumo. É um facto empírico, assumido ao nível da mentalidade colectiva, que as pessoas ocupadas são mais imprudentes na compra, preparação e consumo de alimentos.

Por último, mas não menos importante, as técnicas de venda das redes de distribuição modernas são particularmente eficazes para influenciar a decisão de compra dos consumidores, sob o impulso de um desejo de experimentar um novo sabor ou de tirar partido de certas facilidades comerciais, o que conduz frequentemente a compras perigosas, tanto em termos de quantidade como de variedade.

A mudança para uma dieta de origem animal, cada vez mais evidente nas estatísticas mundiais, com custos mais elevados do que a dieta baseada em produtos vegetais, sugerindo uma tendência no consumo de carne, que aumentará mais de 40% até 2020 (IMECHE 2013), é outra grande fonte de risco ambiental, bem como de aumento do custo do desperdício alimentar.

A continuação dos padrões de comportamento conduzirá a um aumento de 40% do desperdício a nível da UE em 2020 (Parlamento Europeu 2013).

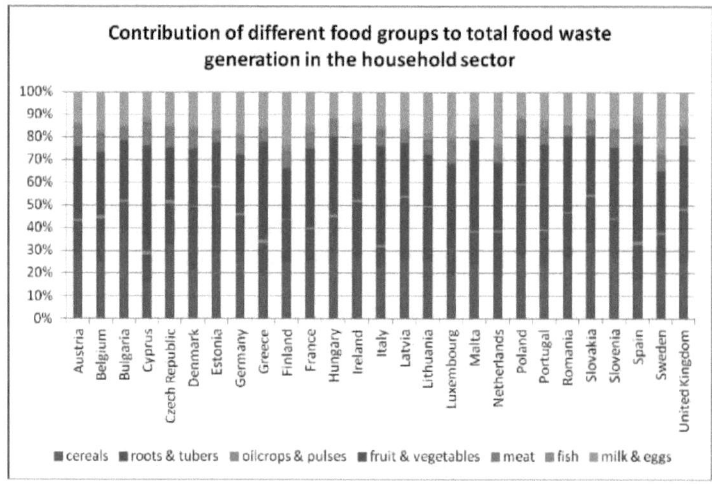

Figura 3. Percentagem de diferentes tipos de alimentos no total de resíduos alimentares domésticos da UE-27 em 2006 (cálculos do ITAS)

A compreensão do prazo de validade efetivo dos alimentos, tal como é assinalado nos rótulos

Um papel importante na limitação do desperdício alimentar é também. Uma análise recente a nível europeu revela que a população romena não compreende bem os rótulos: #melhor antes de ... #de preferência antes.

O significado desta afirmação é que, após essa data, o alimento ainda mantém as propriedades relacionadas com o consumo, mesmo que possa perder as suas qualidades de qualidade superior. Apenas 16% dos consumidores romenos entrevistados deram uma resposta correta, considerando os restantes que os alimentos se tornam impróprios para consumo e que devem ser deitados fora.

Em comparação, 68% dos consumidores suecos conhecem o significado correto desta rotulagem.

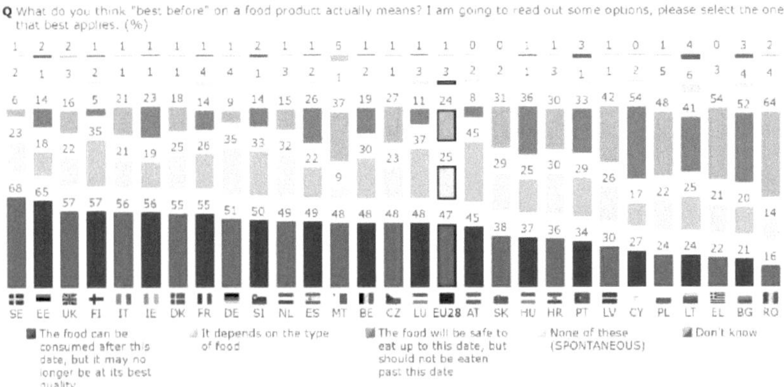

Figura 4. O nível de conhecimento sobre o significado da indicação "consumir de preferência antes de ..." contida nos rótulos dos produtos

CAPÍTULO 3

INVESTIGAÇÃO SOBRE OS FACTORES SOCIOECONÓMICOS QUE INFLUENCIAM OS AMBIENTES DE CONSUMO NOS AGREGADOS FAMILIARES NA ROMÉNIA

O consumo de alimentos mudou sua dinâmica em 2015 em relação a 2014, com aumentos ou diminuições em várias categorias de produtos (INSSE 2015). Do ponto de vista calórico, os cereais continuam a representar a maior fatia, passando de 1,6% em 2014, para 40,9% do total. Infelizmente, esta quota, juntamente com outros produtos de origem vegetal, representa quase 75% das calorias e cerca de 50% da quantidade de proteínas e aminoácidos consumidos pela população é de origem vegetal. Esta proporção ultrapassa largamente as margens propostas pelas ciências da nutrição. Deste ponto de vista, a região de Bucareste-Ilfov tem o rácio de consumo mais desenvolvido, abaixo de 72% do total de calorias de origem vegetal e 56,3% da quantidade de contrapartidas de origem animal.

De acordo com os dados do balanço alimentar publicados pelo INSSE, as perdas de recursos alimentares nacionais estão em má situação em 2014 em comparação com 2013 para muitos produtos-chave.

Quadro 1: Evolução das perdas totais nacionais, nas principais fontes alimentares (fonte INSSE)

Resource category	Total losses 2013 (tons)	Total losses 2014 (tons)	Report 2014/2013, %
Cereals and cereal products (in grain cereal equivalent)	69649	82258	118,1
Potatoes	246262	304246	123,5
Pomegranate beans	187	260	139,0
Vegetables and vegetable products (in fresh vegetables equivalent)	300902	294704	97,9
melons	26271	22326	85,0
Fruit and fruit products (in fresh fruit equivalent)	82294	86071	104,6
	12317	6479	52,6
Sugar and sugar products (in refined sugar equivalent)	4849	5000	103,1
Milk and milk products (in milk equivalent of 3.5% fat)	913	948	103,8
Eggs	1083468	1165209	107,5
Meat and meat products (in fresh meat equivalent) *	62060	60779	97,9
Edible items *	258935	326825	126,2
Refined vegetable oils *	1025	1209	118,0

** Os dados referem-se à disponibilidade de consumo interno*

3.1. Metodologia do estudo de mercado

O método de trabalho visava testar um alvo exigente de mais de 50 pessoas no questionário ao consumidor desenvolvido na fase I do projeto. Os resultados do teste e do questionário foram apresentados a um fornecedor certificado pelo mercado para o desenvolvimento do questionário e a sua implementação no mercado. Com base na análise, o fornecedor desenvolveu um formulário intermédio do questionário que foi pré-definido para um grupo de 61 inquiridos. O formulário final, que foi incluído na base de dados e aplicado no mercado.

Seleção do grupo-alvo: O grupo-alvo proposto era o dos consumidores domésticos na Roménia. Posteriormente, foi decidido concentrar-se no segmento relevante dos consumidores urbanos.

Representatividade da amostra: a população adulta da Roménia da zona urbana, com acesso a telefonia fixa ou móvel.

Amostra selecionada: 902 inquiridos (960 pessoas entrevistadas, 902 questionários validados após consulta dos dados de referência do NIS).

Tipo de amostras escolhidas: aleatórias, estratificadas de acordo com as regiões históricas e a dimensão das localidades; foram visadas 153 cidades na Roménia.

Método de investigação: Entrevista telefónica assistida por computador (CATI).

Margem de erro do estudo de mercado: +/- 3,3%, com uma probabilidade de 95%.

Duração média do questionário: 9,4 minutos.

Os resultados foram verificados numa amostra de 150 questionários. A entrevista telefónica foi confirmada, incluindo uma série de perguntas factuais.

3.2. Resultados

3.2.1. Testes internos no Instituto Nacional de I&D para Recursos Biológicos Alimentares - IBA Bucareste

Questionário utilizado:

1. A sua idade é:

   a. Menos de 20

   b. 20-29

   c. 30-39

   d. 40-49

   e. 50 a 59

   f. Mais de 60 anos

2. O seu nível de educação é:

   a. 4-8 anos

   b. 8-12 anos

c. Estudos pós-secundários

d. Ensino superior

3. Na sua opinião, quais são as obrigações dos cidadãos relativamente ao desperdício alimentar?

a. Avaliação adequada das necessidades alimentares

b. Armazenamento correto dos alimentos

c. Variantes a e b

d. Outros ....

4. Que quantidade dos alimentos que compras vai para o lixo?

a. 10%

b. 20%

c. 35%

d. mais de 35%

5. Que tipo de alimentos deita fora com mais frequência?

a. Produtos hortícolas

b. Frutos

c. Alimentos cozinhados

d. Produtos de panificação

e. Produtos à base de carne

f. Lacticínios

g. Outros ....

6. Quantos membros tem a tua família?

7. Quanto é que gasta por mês com a alimentação da sua família?

a. 500 - 900 lei

b. 1000 - 1500 lei

c. Mais de 1500 lei

8. Quais são as principais causas para deitar comida fora?

a. Alimentos que não satisfazem o seu gosto

b. Compras excessivas

c. Alimentos que se degradam demasiado depressa

d. Outros ....

9. Que tipos de embalagens alimentares prefere?

    a. Papel

    b. Plásticos

    c. Vidro

    d. Metal

10. Pratica a recuperação / reutilização de embalagens?

    a. Não

    b. Sim, apenas vidro

    c. Sim, vidro e plástico

    d. Sim, de qualquer tipo, em princípio

11. Quanto é que se abastece nas pequenas lojas de bairro?

    a. Menos de 15%

    b. 15-35%

    c. Mais de 35%

12. Seleciona os resíduos domésticos (alimentos) para os resíduos recuperáveis (papel, metal, vidro)? a. Sim.

    b. Não.

13. Se não selecionar resíduos domésticos, qual é a razão?

    a. Não acreditam na viabilidade do sistema

    b. Não existem infra-estruturas de recolha a nível municipal

    c. Não existem sistemas de recolha selectiva no domicílio

    d. Outros ....

14. Está interessado em reduzir a quantidade de resíduos alimentares no seu agregado familiar?
    a. Não b. Sim

15. Que métodos considera úteis?

    a. Aquisição de géneros alimentícios com um prazo de validade elevado

    b. Comer na cidade

    c. Aquisição de géneros alimentícios embalados em porções para 1 dia

    d. Outros ....

A aplicação foi efectuada em reuniões de grupo, com um operador / moderador que facilitou a compreensão de algumas das questões. Este teste incidiu sobre a pertinência das perguntas e das categorias propostas. O teste foi efectuado num grupo de 61 estudantes e mestrandos da USAMV de

Bucareste. Os participantes foram informados sobre o objetivo da fase do projeto, bem como sobre o papel que se espera que desempenhem. A este respeito, procuraram dar feedback aos agregados familiares de que faziam parte, com o objetivo de maximizar o nível de respostas.

O processamento das respostas é apresentado de seguida:

Tabela 2. Na sua opinião, qual é a responsabilidade dos cidadãos pelo desperdício de resíduos?

What do you think is the citizens' responsibility for waste wastage?					
		Frequency	Percent	Valid Percent	Cumulative Percent
V	Appropriate assessment of food needs	19	31.1	31.1	31.1
	13	1	1.6	1.6	32.8
	Proper storage of food	2	3.3	3.3	36.1
	a+b	35	57.4	57.4	93.4
	Others, which?	4	6.6	6.6	100.0
	Total	**61**	**100.0**	**100.0**	

Quadro 3. Quais são as principais razões para deitar comida fora?

What are the main reasons for throwing food?					
		Frequency	Percent	Valid Percent	Cumulative Percent
V	Food will not satisfy your tastes	3	4.9	4.9	4.9
	Shopping in excess	8	13.1	13.1	18.0
	Food is degrading too quickly	37	60.7	60.7	78.7
	Several causes	13	21.3	21.3	100.0
	Total	**61**	**100.0**	**100.0**	

Quadro 4. Quanto é que gasta por mês com a alimentação da sua família?

How much do you spend per month on your family food?					
		Frequency	Percent	Valid Percent	Cumulative Percent
V	500-900 lei	41	67.2	67.2	67.2
	1000-1500 lei	16	26.2	26.2	93.4
	> 1500 lei	4	6.6	6.6	100.0
	Total	**61**	**100.0**	**100.0**	

Quadro 5. Quanto é que gastou no ano passado?

How much did you spend last year?				
		Frequency	Percent	Valid Percent	Cumulative Percent
V	500-900 lei	37	60.7	60.7	60.7
	1000-1500 lei	18	29.5	29.5	90.2
	> 1500 lei	6	9.8	9.8	100.0
	Total	61	100.0	100.0	

Tabela 6. Que quantidade de comida deita para o lixo?

How much of your food do you throw to the garbage?				
		Frequency	Percent	Valid Percent	Cumulative Percent
V	10%	31	50.8	50.8	50.8
	20%	18	29.5	29.5	80.3
	35%	9	14.8	14.8	95.1
	>35%	3	4.9	4.9	100.0
	Total	61	100.0	100.0	

Quadro 7. Que quantidade dos alimentos que comprou no ano passado foi deitada ao lixo?

How much of the food you bought last year was thrown to the garbage?				
		Frequency	Percent	Valid Percent	Cumulative Percent
V	10%	29	47.5	47.5	47.5
	20%	19	31.1	31.1	78.7
	>35%	9	14.8	14.8	93.4
	>35%	4	6.6	6.6	100.0
	Total	61	100.0	100.0	

Tabela 8. Quanto é que se abastece nas pequenas lojas de bairro?

How much do you supply from the small neighborhood stores?				
		Frequency	Percent	Valid Percent	Cumulative Percent
V	<15%	31	50.8	50.8	50.8
	15%-35%	21	34.4	34.4	85.2
	>35%	9	14.8	14.8	100.0
	Total	61	100.0	100.0	

Quadro 9. Quantos membros tem a sua família?

How many members does your family have?				
		Frequency	Percent	Valid Percent	Cumulative Percent
V	1 member	11	18.0	18.0	18.0
	2 member	6	9.8	9.8	27.9
	3 member	17	27.9	27.9	55.7
	> 4 member	27	44.3	44.3	100.0
	Total	**61**	**100.0**	**100.0**	

Tabela 10. Qual a categoria de alimentos que mais deita fora?

What category of food do you throw the most?				
		Frequency	Percent	Valid Percent	Cumulative Percent
V	Vegetables	3	4.9	4.9	4.9
	Fruits	1	1.6	1.6	6.6
	Cooked food	23	37.7	37.7	44.3
	Bakery products	5	8.2	8.2	52.5
	Meat products	2	3.3	3.3	55.7
	From several categories	27	44.3	44.3	100.0
	Total	**61**	**100.0**	**100.0**	

Quadro 11. Que métodos considera úteis?

What methods do you find helpful?				
		Frequency	Percent	Valid Percent	Cumulative Percent
V	Acquisition of foods with high shelf life	18	29.5	29.5	29.5
	Purchase food packaged for 1-day serving	18	29.5	29.5	59.0
	Multiple choices	18	29.5	29.5	88.5
	Other	6	9.8	9.8	98.4
	c	1	1.6	1.6	100.0
	Total	**61**	**100.0**	**100.0**	

Quadro 12. Que tipos de embalagens de alimentos prefere?

			Frequency	Percent	Valid Percent	Cumulative Percent
What types of food packaging do you prefer?						
V	Paper		12	19.7	19.7	19.7
	Plastic		29	47.5	47.5	67.2
	Glass		5	8.2	8.2	75.4
	Multiple		15	24.6	24.6	100.0
	Total		**61**	**100.0**	**100.0**	

Quadro 13. Se não selecionar os resíduos domésticos, qual é a razão?

		Frequency	Percent	Valid Percent	Cumulative Percent
If you do not select household waste, which is the reason?					
		1	1.6	1.6	1.6
V	not necessary	16	26.2	26.2	27.9
	You do not believe in the viability of the system	6	9.8	9.8	37.7
	There is no collection infrastructure at the local level	6	9.8	9.8	47.5
	There are no selective collection systems	19	31.1	31.1	78.7
	multiple	12	19.7	19.7	98.4
	Other	1	1.6	1.6	100.0
	Total	**61**	**100.0**	**100.0**	

Tabela 14. Quantas vezes janta na cidade?

		Frequency	Percent	Valid Percent	Cumulative Percent
How many times do you dine in town?					
V	0	1	1.6	1.6	1.6
	1 meal / week	57	93.4	93.4	95.1
	1 meal / day	3	4.9	4.9	100.0
	Total	**61**	**100.0**	**100.0**	

Quadro 15. O seu nível de educação?

<table>
<tr><td colspan="6" align="center">Your level of education?</td></tr>
<tr><td></td><td></td><td>Frequency</td><td>Percent</td><td>Valid Percent</td><td>Cumulative Percent</td></tr>
<tr><td>V</td><td>8-12 years</td><td>1</td><td>1.6</td><td>1.6</td><td>1.6</td></tr>
<tr><td></td><td>Higher education</td><td>60</td><td>98.4</td><td>98.4</td><td>100.0</td></tr>
<tr><td></td><td>Total</td><td>61</td><td>100.0</td><td>100.0</td><td></td></tr>
</table>

Quadro 16. Pratica a recuperação / reutilização de embalagens?

<table>
<tr><td colspan="6" align="center">Do you practice recovery / reuse of packaging?</td></tr>
<tr><td></td><td></td><td>Frequency</td><td>Percent</td><td>Valid Percent</td><td>Cumulative Percent</td></tr>
<tr><td>V</td><td>No</td><td>14</td><td>23.0</td><td>23.0</td><td>23.0</td></tr>
<tr><td></td><td>Glass</td><td>7</td><td>11.5</td><td>11.5</td><td>34.4</td></tr>
<tr><td></td><td>Glass and plastic</td><td>33</td><td>54.1</td><td>54.1</td><td>88.5</td></tr>
<tr><td></td><td>Yes, any type</td><td>7</td><td>11.5</td><td>11.5</td><td>100.0</td></tr>
<tr><td></td><td>Total</td><td>61</td><td>100.0</td><td>100.0</td><td></td></tr>
</table>

Tabela 17. Pratica a seleção de resíduos domésticos (alimentos) a partir de resíduos recicláveis (embalagens)

<table>
<tr><td colspan="6" align="center">Do you practice domestic waste (food) selection from recyclable (packaging)</td></tr>
<tr><td></td><td></td><td>Frequency</td><td>Percent</td><td>Valid Percent</td><td>Cumulative Percent</td></tr>
<tr><td>V</td><td>Yes</td><td>18</td><td>29.5</td><td>29.5</td><td>29.5</td></tr>
<tr><td></td><td>No</td><td>43</td><td>70.5</td><td>70.5</td><td>100.0</td></tr>
<tr><td></td><td>Total</td><td>61</td><td>100.0</td><td>100.0</td><td></td></tr>
</table>

Tabela 18. Está interessado em reduzir a quantidade de resíduos alimentares no seu agregado familiar?

<table>
<tr><td colspan="6" align="center">Are you interested in reducing the amount of food waste in the household?</td></tr>
<tr><td></td><td></td><td>Frequency</td><td>Percent</td><td>Valid Percent</td><td>Cumulative Percent</td></tr>
<tr><td>V</td><td>No</td><td>2</td><td>3.3</td><td>3.3</td><td>3.3</td></tr>
<tr><td></td><td>Yes</td><td>59</td><td>96.7</td><td>96.7</td><td>100.0</td></tr>
<tr><td></td><td>Total</td><td>61</td><td>100.0</td><td>100.0</td><td></td></tr>
</table>

Quadro 19. Onde é que come?

Where do you eat?					
		Frequency	Percent	Valid Percent	Cumulative Percent
V	Home	59	96.7	96.7	96.7
	Restaurant /canteen	2	3.3	3.3	100.0
	Total	**61**	**100.0**	**100.0**	

O processo de testes internos evidenciou a vulnerabilidade de algumas das perguntas no que respeita ao grau de ambiguidade de algumas variantes de redação/resposta, ao grau de exatidão exigido aos participantes, ao envolvimento excessivo da memória de longo prazo na revelação de dados quantitativos, vulnerabilidades que poderiam conduzir a erros nos resultados da investigação em situação real. Em consequência, o prestador de serviços de investigação e o requerente reformularam algumas perguntas, o que resultou no formulário final.

3.2.2. Estudos de mercado

O tratamento dos dados teve em conta os seguintes aspectos:

- todas as percentagens são estimativas declarativas dos inquiridos e não fornecem uma quantificação real;

- Foram efectuadas exclusões da análise de algumas declarações: *#Não deito fora os restos de comida porque os dou aos animais#*, casos excepcionais, casos em que as pessoas não compreenderam o conceito de percentagem.

O questionário aplicado tinha o seguinte formato:

A1. Diga-me, por favor, quanto gasta por mês em alimentação, para si e para a sua família.

1 □ menos de 500 lei

2□ 500-900 lei

3□ 900-1500 lei

4□ mais de1500 lei

9□ Não posso aproximar

A2. No último ano, as suas despesas familiares com a alimentação foram:

1□ aumentou

2□ manteve-se sensivelmente o mesmo

3□ caiu

9□ Não posso aproximar

A3. Que quantidade dos alimentos que comprou nos últimos seis meses foi parar ao lixo?

Por favor, indique uma percentagem:

A4. Que quantidade de alimentos é deitada ao lixo (por qualquer razão), em média, por semana?

1 □ quase nenhum

2□ menos de 500g

3□ 500g-1kg 1-2 kg

4□ 1-2 kg

5□ 2-3kg

6□ 3-4 kg

7□ mais de 4 kg

A5. Em comparação com o ano passado, este ano a quantidade de alimentos depositados em aterro aumentou:

1□ aumentou

2□ permaneceu o mesmo

3□ diminuiu

9□ Não posso aproximar

A6. Por favor, para cada categoria, faça uma estimativa da quantidade de alimentos que deita para o lixo: a. Fruta e legumes (comprados frescos):

□menos de 5% □5% □10% □15% □20% □25% □30% □35% □40% □mais de 40% b. Refeições caseiras, incluindo carne:

□ menos de 5% □ 5% □ 10% □ 15% □ 20% □ 25% □ 30% □ 35% □ 40% □ mais de 40% c. Queijos, iogurtes e outros produtos lácteos:

□ menos de 5% □ 5% □ 10% □ 15% □ 20% □ 25% □ 30% □ 35% □40% □ mais de 40% d. Produtos semi-preparados e conservados (predominantemente carne, salame, enlatados:

□ menos de 5% □ 5% □ 10% □ 15% □ 20% □ 25% □ 30% □ 35% □40% □ mais de 40% e. Pão e outros produtos de padaria:

□ menos de 5% □5% □10% □15% □20% □25% □ 30% □ 35% □40% □mais de 40% **B1.** Até que ponto está preocupado com o preço / dinheiro que pagou pelos alimentos que são descartados?

1 □ de modo algum / muito pouco

2□ um pouco preocupado

3 □ assim e assim

4□ muito

5□ muito

9□ Não posso apreciar

B2. Qual é o seu interesse em reduzir a quantidade de resíduos alimentares no seu agregado familiar?

1 ☐ nada interessado

2☐ não muito interessado

3☐ interessado

4☐ muito interessado

B2.2 *Apenas para interessados e muito interessados: Por favor, diga-me porquê?*

1 ☐ Sinto-me culpado por ter de deitar fora comida boa

2☐ É um desperdício de dinheiro e de tempo

3 ☐ É mau para o ambiente

4☐ outro motivo: _______________________

B3. Com que frequência deita alimentos para o lixo pelas razões/causas abaixo indicadas?

a. Promoções e ofertas especiais nos supermercados

1 ☐ muito frequentemente 2☐ frequentemente 3 ☐ raro 4☐ muito raramente b. Não fazemos um plano / lista de compras

1 ☐ muito frequentemente 2☐ frequentemente 3 ☐ raro 4☐ muito raramente c. O que compramos vem em quantidades muito grandes 1 ☐ muito frequentemente 2☐ frequentemente 3 ☐ raro 4☐ muito raramente d. Precisamos de arranjar espaço no frigorífico para novos produtos 1 ☐ muito frequentemente 2☐ frequentemente 3 ☐ raro 4☐ muito raramente e. Não armazenamos os produtos adequadamente

1 ☐ muito frequentemente 2☐ frequentemente 3 ☐ raro 4☐ muito raramente

f. Não reembalámos corretamente os produtos depois de os termos aberto

1 ☐ muito frequentemente 2☐ frequentemente 3 ☐ raro 4☐ muito raramente

g. Não comemos a tempo os alimentos que devem ser comidos primeiro

1 ☐ muito frequentemente 2☐ frequentemente 3☐ raro 4☐ muito raramente h. Os produtos expiram ou degradam-se antes de os comermos

1 ☐ muito frequentemente 2☐ frequentemente 3 ☐ raro 4☐ muito raramente

i. A comida estava queimada ou mal cozinhada

1 ☐ muito frequentemente 2☐ frequentemente 3 ☐ raro 4☐ muito raramente

j. O que resta da mesa é deitado fora e não é preservado

1 ☐ muito frequentemente 2☐ frequentemente 3 ☐ raro 4☐ muito raramente

k. A comida não é do agrado de alguns membros/crianças

1 ☐ muito frequentemente 2☐ frequentemente 3 ☐ raro 4☐ muito raramente

B4.1 Os alimentos descartados não são um problema porque são naturais e biodegradáveis
1☐ concordo 2☐ discordo 9☐ não posso avaliar

B4.2 Nada me pode incentivar / fazer com que tente deitar menos lixo

1 ☐ concordo bastante 2☐ discordo bastante 9☐ não posso apreciar

C1. A maior parte dos alimentos que compra provém de?

1 ☐ hipermercados (ex.: Carrefour, Metro, Selgros, Cora, Auchan, etc.)

2☐ cadeias de supermercados (por exemplo, Billa, Mega Image, Penny, Lidl, Profi, Kaufland)

3 ☐ de supermercados / lojas de bairro

4☐ do mercado

5 ☐ do seu próprio agregado familiar ou do campo

C2. Quantas vezes janta na cidade?

0☐ nunca

1 ☐ de vez em quando

2☐ uma vez por mês

3 ☐ algumas vezes por mês

4☐ algumas vezes por semana

5 ☐ quase todos os dias

C3. Que tipos de embalagens alimentares prefere?

1☐ Papel

2☐ Plástico

3☐ Vidro

4☐ Metal

5 ☐ Não tenho preferências

C4. Pratica a recuperação / reutilização de embalagens?

1☐ Não

2☐ Sim, só vidro

3☐ Sim, apenas plástico

4☐ Sim, vidro e plástico

C5. Prefere a seleção de resíduos domésticos (alimentos) em vez de resíduos valorizáveis (papel, metal, vidro)?

1☐ Sim

2□ Não

C6. Se não selecionar resíduos domésticos, qual é a razão?

1 □ Não estou interessado

2□ Não acho que o sistema seja bom

3 □ Não existem infra-estruturas de recolha a nível municipal

4□ Não existem sistemas de recolha selectiva em casa

5□ Outros

D1. Género: 1□ F 2□ M

D2. Idade: □___________

D3. Última escola graduada:

1□ 10 anos ou menos

2□ escola profissional

3 □ ensino secundário / pós-secundário

4□ Ensino universitário

D4. Número de membros da família: ___

D5. Número de crianças com menos de 16 anos:

D6. Rendimento mensal da família:

1 □ nenhum

2□ inferior a 750 lei

3□ 750-1500 lei

4□ 1500-2500 lei

5□ 2500-3500 lei

6□ mais de 3500 lei

D7. Profissão: _______________________
D8. Cidade / Localidade:_______________ **E - DATA PER**

O questionário foi pré-definido para 74 inquiridos.

O inquérito efetivo incluiu 902 inquiridos (foram entrevistados 960 inquiridos, 902 questionários foram validados após ponderação com os dados de referência do INS).

A duração média do questionário foi de 9,4 minutos.

O tratamento dos dados conduziu aos seguintes resultados principais:

Please tell me how much you spend per month on food for your family.		Number of people	Percent (%)	Valid Pervent (%)
Valid	Under 500 lei	249	27.6	32.9
	500 – 900 lei	283	31.4	37.4
	900 – 1500 lei	162	18.0	21.4
	Above 1500 lei	62	6.9	8.2
	Total	756	83.8	100.0
	unspecified	146	16.2	
Total		902	100.0	

Figura 5.1. Orçamento familiar para a alimentação

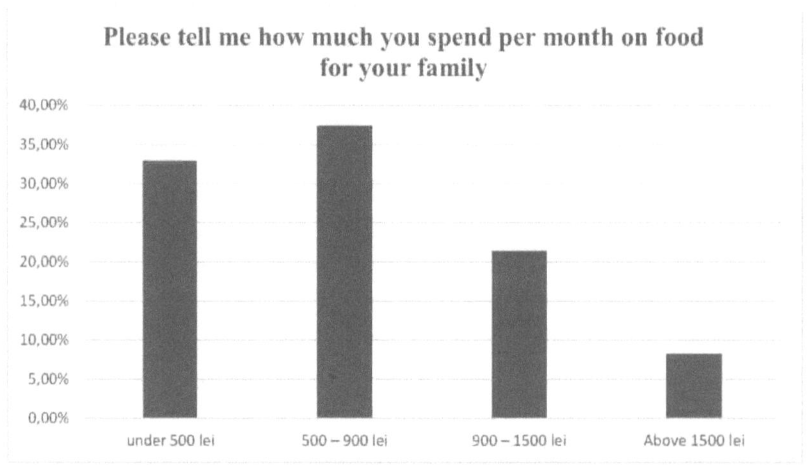

Figura 5.2. Orçamento familiar para alimentação - Fonte: INFOmass

		Please tell me how much you spend per month on food for your family.			
		Above 1500 lei	900 – 1500 lei	500 – 900 lei	Under 500 lei
		N % row	N % row	N % row	N % row
Monthly income of the family	Under 1500 lei	2.4	10.0	24.1	63.5
	1500 – 2500 lei	3.8	18.4	43.9	34.0
	2500 – 3500 lei	5.3	26.3	40.8	27.6
	Over 3500 lei	21.4	31.8	38.5	8.3

Figura 6. Receitas mensais das famílias

		Please tell me how much you spend per month on food for your family.			
		Above 1500 lei	900 – 1500 lei	500 – 900 lei	Under 500 lei
		N % row	N % row	N % row	N % row
Number of children under the age of 16	0	7.1	19.3	36.2	37.4
	1	9.7	29.1	41.7	19.4
	2 or more	13.6	28.4	42.0	16.0

Figura 7. Despesas de acordo com a dimensão da família e o número de filhos com menos de 16 anos.

		Please tell me how much you spend per month on food for your family.			
		Above 1500 lei	900 – 1500 lei	500 – 900 lei	Under 500 lei
		N % row	N % row	N % row	N % row
City type	Big (more than 100000 people)	12.3	24.4	37.0	26.3
	Medium (50000 – 100000 people)	5.0	20.0	45.7	29.3
	Small (50000 people)	4.0	17.9	33.5	44.6

Figura 8. Tamanho da cidade

		Please tell me how much you spend per month on food for your family.			
		Above 1500 lei	900 – 1500 lei	500 – 900 lei	Under 500 lei
		N % row	N % row	N % row	N % row
Region	Bucharest	19.2	30.1	28.8	21.9
	Transylvania	7.6	18.8	39.9	33.7
	Muntenia, Oltenia and Dobrogea	5.3	23.7	36.8	34.2
	Moldavia and Bucovina	2.7	16.5	41.2	39.6

Figura 9. Regiões*Balança alimentar familiar mensal. Tabulação cruzada

Your family's costs on food in the last year:			
		Number of people	Percent (%)	Valid Pervent (%)
Valid	Raised	359	39.8	45.4
	Remained almost the same	359	39.8	45.4
	Droped	72	8.0	9.1
	Total	790	87.6	100.0
	unspecified	112	12.4	
Total		902	100.0	

Figura 10.1. Evolução do orçamento alimentar desde o ano passado

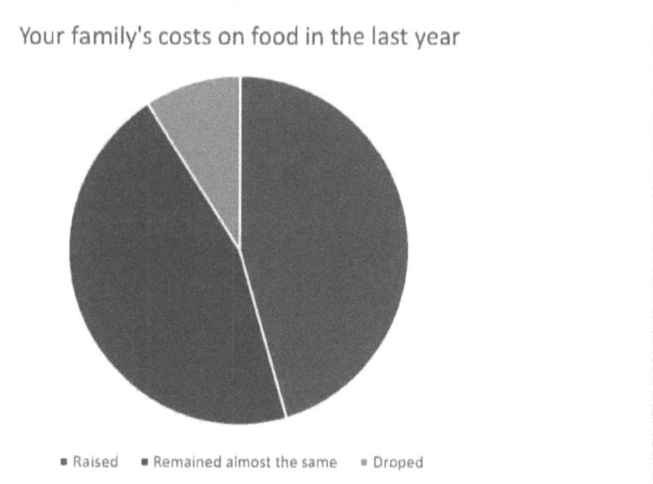

Figura 10.2. Evolução do orçamento alimentar desde o ano passado - Fonte: INFOmass

		Your family's costs on food in the last year:		
		Raised	Remained almost the same	Droped
		N % row	N % row	N % row
Gender	F	46.1	43.03	10.87
	M	44.7	48.23	7.08
Age	Under 35	46.4	46.38	7.24
	35 - 50	45.9	47.11	7.02
	51 - 65	45.4	44.13	10.33
	Over 65	42.9	43.65	13.49
The last graduate school	Vocational school or less	45.2	43.44	11.31
	College	46.0	44.44	9.52
	Higher education	45.7	47.76	6.53
Number of children under the age of 16	0	43.2	46.66	10.12
	1	48.3	44.92	6.78
	2 or more	57.0	37.97	5.06
Monthly income of the family	Under 1500 lei	44.1	41.18	14.7
	1500 – 2500 lei	43.3	45.62	11.96
	2500 – 3500 lei	46.6	44.17	9.20
	Over 3500 lei	47.6	50.48	1.92

Figura 11. Evolução do orçamento alimentar desde o ano anterior*Sexo*Idade*Estudos*Número de filhos menores de 16 anos*Rendimento familiar. Tabulações cruzadas

Please, on each category, estimate how much food you throw in the trash.			
	Under 5%	5 to 10 %	Above 10%
	Row N %	Row N %	Row N %
a. Fruits and vegatables	56.8	28.8	14.4
b. Cooked food, including meet	46.8	29.7	23.6
c. Milk products	60.7	25.0	14.3
d. Cans and precooked (mostly meat based)	73.6	19.8	6.6
e. Baking products	46.1	26.7	27.2

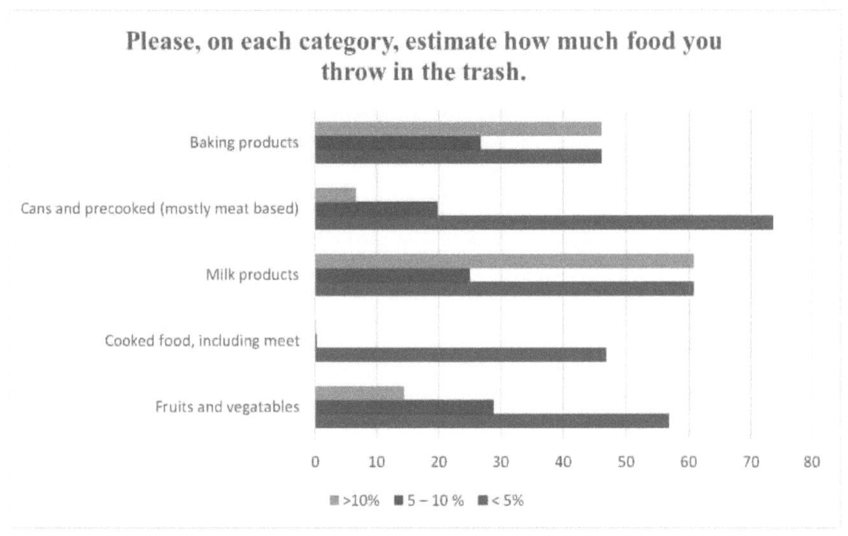

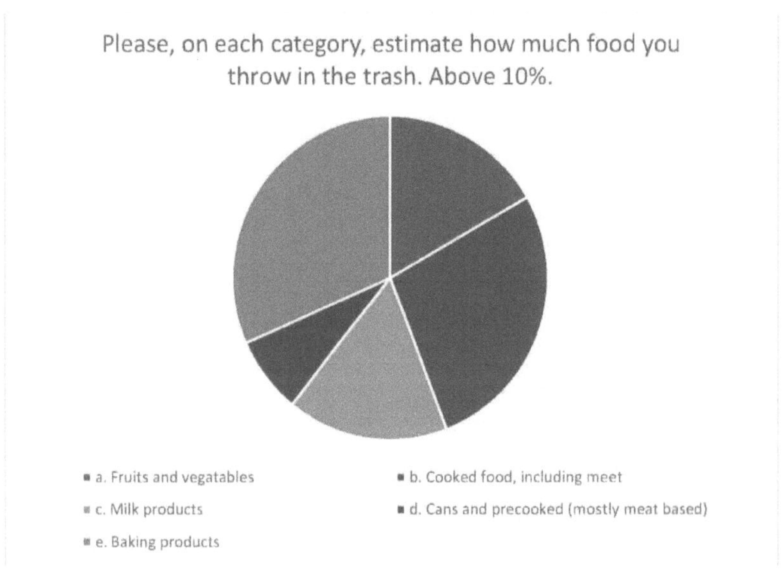

Figura 12.1-3. Estimativa do desperdício alimentar, por tipo de alimento - Fonte: INFOmass

	Please, on each category, estimate how much food you throw in the trash. Above 10%.				
	Fruits and vegatables	Cooked food, including meet	Milk products	Cans and precooked (mostly meat based)	Baking products
Hyper markets	18.2	30.3	17.4	7.7	32.1
Neighborhood shopps	10.1	19.2	10.8	3.5	27.5
Free market	10.5	18.5	14.4	6.9	16.9
Own sources/ others	10.9	11.6	8.5	6.4	22

		Please, on each category, estimate how much food you throw in the trash					
		Fruits and vegatables			Cooked food, including meet		
		> 10%	5-10%	< 10%	> 10%	5-10%	< 10%
Age	< 35	23.4	39.6	36.9	42.0	31.7	26.3
	36 - 50	16.0	28.9	55.1	27.3	31.6	41.0
	51 - 65	9.1	21.3	69.6	11.5	27.2	61.3
	> 65	5.8	23.2	71.0	7.2	26.8	65.9
Family members	1	9.5	19.0	71.4	14.2	27.6	65.9
	2	10.4	29.3	60.4	17.7	29.2	53.1
	3	17.8	31.6	50.7	27.2	29.8	43.0
	4 or more	18.4	30.5	51.1	31.7	31.7	36.9
Under 16 years old children	0	13.2	26.1	60.7	20.4	28.6	51.0
	1	13.8	40.7	45.5	26.0	35.8	38.2
	2 or more	23.3	32.6	44.2	41.6	30.3	28.1
Monthly family income, lei	< 1500	6.9	21.2	72.0	12.1	23.2	64.7
	1500-2500	10.8	22.0	67.3	15.2	34.1	50.7
	2501-3500	19.4	34.3	46.3	30.6	28.3	41.0
	< 3500	21.3	36.2	42.5	35.0	32.7	32.3

		Please, on each category, estimate how much food you throw in the trash					
		Milk products			Cans and precooked (mostly meat based)		
		> 10%	5-10%	< 10%	> 10%	5-10%	< 10%
Age, y.o.	< 35	23.5	30.3	46.2	11.4	23.6	65.0
	36 - 50	16.7	27.6	55.6	4.8	24.2	71.0
	51 - 65	8.0	20.3	73.2	5.3	13.8	80.9
	> 65	6.4	18.4	71.7	4.5	15.2	80.3
Family members	1	6.4	18.4	75.2	4.2	15.8	80.0
	2	10.3	23.9	65.8	4.6	18.5	76.9
	3	16.2	26.3	57.5	7.1	20.5	72.3
	4 or more	21.4	28.6	50.0	9.0	22.5	68.5
Under 16 y.o. children	0	13.1	23.1	63.8	6.2	18.8	75.0
	1	13.8	31.7	54.4	8.3	20.7	71.1
	2 or more	22.7	30.7	46.6	5.7	26.1	68.2
Monthly family income, lei	< 1500	6.3	19.5	74.2	3.8	13.6	82.6
	1500-2500	9.5	20.7	69.8	4.6	15.7	79.6
	2501-3500	16.6	29.1	54.3	7.6	17.0	75.4
	< 3500	24.3	30.5	45.1	9.0	29.9	61.1

		Please, on each category, estimate how much food you throw in the trash		
		Baking products		
		> 10%	5-10%	< 10%
Age, y.o.	< 35	39.9	28.7	31.4
	36 - 50	34.2	27.2	38.5
	51 - 65	16.1	25.0	58.9
	> 65	13.3	25.2	61.5
Family members	1	14.5	25.8	59.7
	2	22.6	28.3	49.1
	3	34.1	2.5	41.5
	4 or more	32.4	28.0	39.6
Under 16 y.o. children	0	2.1	26.9	49.0
	1	32.3	29.8	37.9
	2 or more	41.6	22.5	36.0
Monthly family income, lei	< 1500	14.1	22.5	36.0
	1500-2500	23.2	27.2	49.6
	2501-3500	31.6	28.2	40.1
	< 3500	40.0	26.2	33.8

Figura 13.1-4. Mais de 10% de desperdício alimentar para os tipos de alimentos * principais centros comerciais. Tabulação cruzada

How much of the food you've bought in the last 6 months has reached the garbage?				
		Frequency	Percent	Valid Percent	Cumulative Percent
Valid	0%-5%	450	49.9	52.0	52.0
	10%-15%	232	25.7	26.8	78.8
	< 20%	183	20.3	21.2	100.0
	Total	865	95.9	100.0	
Missing		37	4.1		
Total		902	100.0		

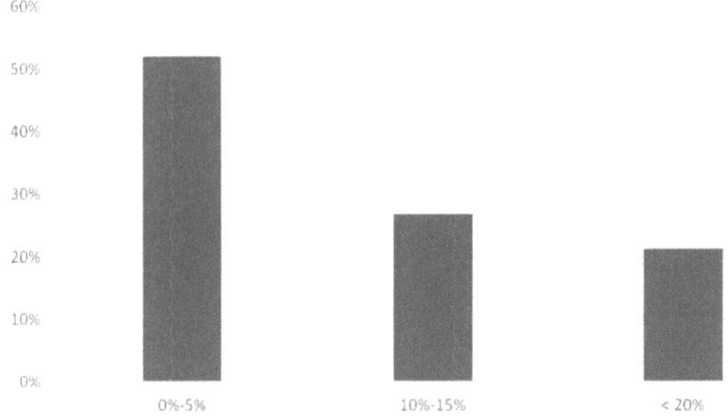

Figura 14.1-2. Nível de desperdício alimentar nos últimos 6 meses, % - Fonte: INFOmass

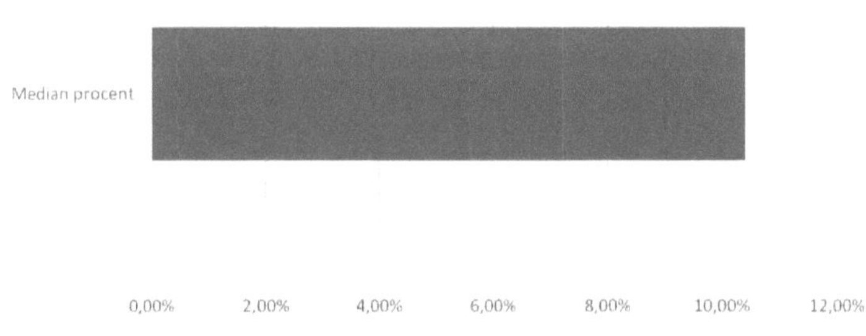

Average family size: 2.73 members.

Figura 15. Valor médio do nível de desperdício alimentar da família* nos últimos 6 meses, % - Fonte: INFOmass

How much of the food you've bought in the last 6 months has reached the garbage		
		Median Food waste level on last 6 months, %
Age	< 35 y.o.	15.0
	36-50 y.o.	11.6
	51-65 y.o.	7.3
	> 65 y.o.	6.2

Figura 16.1-2. Nível de desperdício alimentar nos últimos 6 meses, % * Idade. Tabela cruzada - Fonte: INFOmass

How much of the food you've bought in the last 6 months has reached the garbage		
		Median Food waste level on last 6 months, %
Education	Undergraduate	8.1
	Highschool graduate	10.0
	University graduate	13.2

Figura 17.1-2. Nível de desperdício alimentar nos últimos 6 meses, % * Educação. Tabela cruzada - Fonte: INFOmass

		How much of the food you've bought in the last 6 months has reached the garbage? Mean procent
Number of family members	1	6.8
	2	9.3
	3	11.8
	4 or more	12.4
Number of children under the age of 16	0	9.7
	1	12.0
	2 or more	13.5

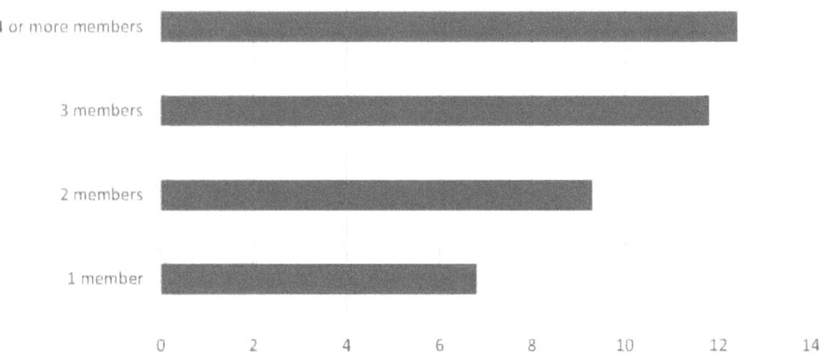

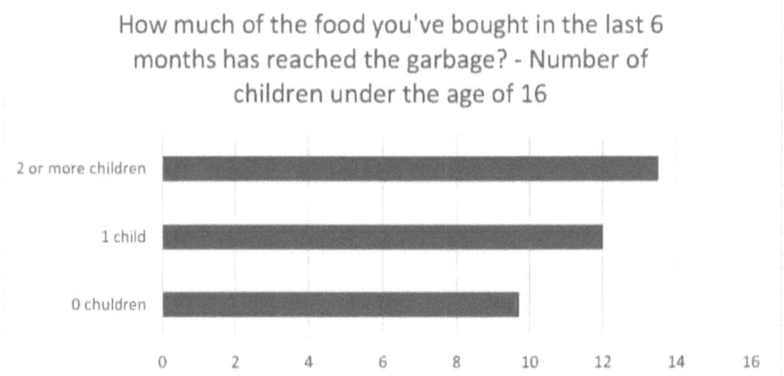

Figura 18.1-2. Nível de desperdício alimentar nos últimos 6 meses, % * Dimensão da família * Número de crianças com menos de 16 anos. Tabulações cruzadas - Fonte: INFOmass

		How much of the food you've bought in the last 6 months has reached the garbage?			
		0%-5%	10%-15%	peste 20%	Total
Regions	Bucharest	90	43	42	175
	Transylvania	185	74	56	315
	Muntenia, Oltenia & Dobrogea	73	53	40	166
	Moldava & Bucovina	102	62	45	209
Total		450	232	183	865

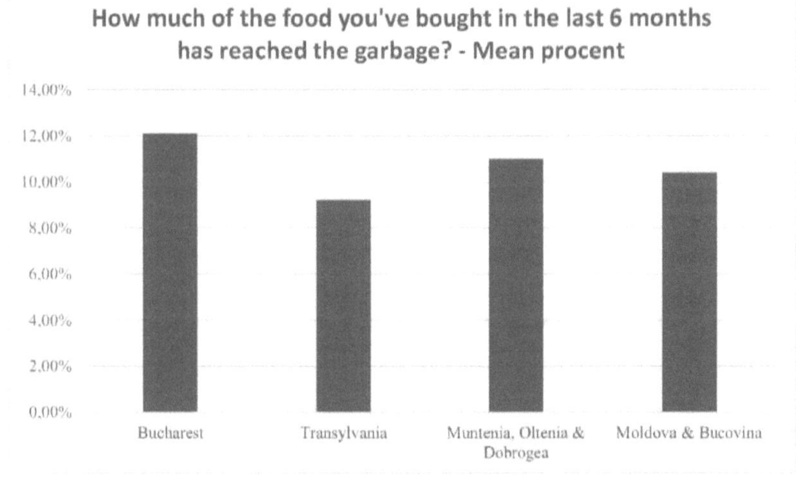

Figura 19.1-2. Nível de desperdício alimentar nos últimos 6 meses, % * Regiões. Tabulação cruzada - Fonte: INFOmass

		How much of the food you've bought in the last 6 months has reached the garbage?
		Mean procent
City type	Big (more than 100000 people)	10.6
	Medium (50000 – 100000 people)	10.3
	Small (50000 people)	10.4

Figura 20. Nível de desperdício alimentar nos últimos 6 meses, % * Dimensão da cidade. Tabela cruzada - Fonte: INFOmass

		How much of the food you've bought in the last 6 months has reached the garbage?			
		0%-5%	10%-15%	peste 20%	Total
Family income	< 1500 lei	128	40	20	188
	1500-2500 lei	132	54	43	229
	2500-3500 lei	75	49	48	172
	> peste 3500 lei	93	71	66	230
Total		428	214	177	819

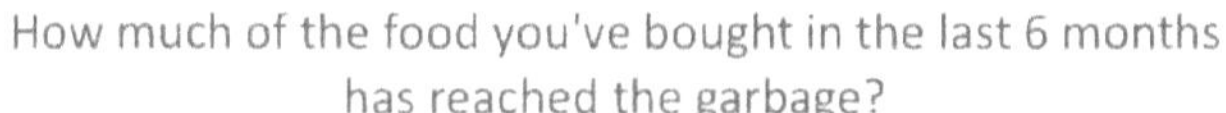
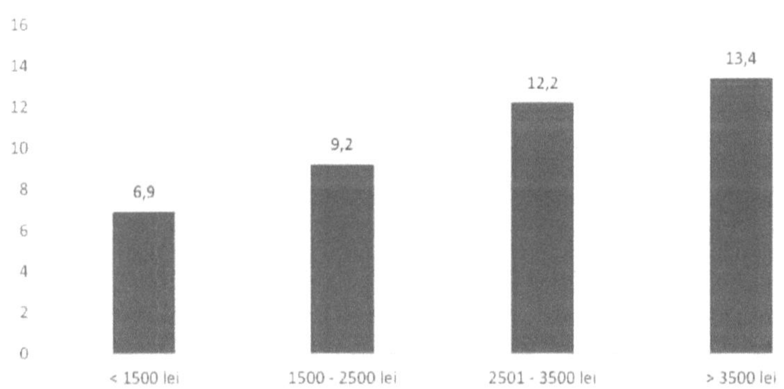

Figura 21.1-2. Nível de desperdício alimentar nos últimos 6 meses, % * Rendimento familiar. Tabela cruzada - Fonte: INFOmass

		How much of the food you have bought in the last 6 months has reached the garbage? average percentage in the target segment
Where do you buy the largest quantity of food from?	From supermarket/hypermarket chains	11.9%
	Small neighborhood stores	9.9%
	market	8.0%
	From your own household	9.0%

Figura 22.1-2. Que quantidade de alimentos que comprou nos últimos 6 meses foi parar ao lixo? - Fonte: INFOmassa

What amount of food gets into the garbage on average per week (for whatever reason)?				
		Number of people	Percent (%)	Valid Percent (%)
Valid	None / under 500 g	553	61.3	62.0
	500 g – 1 kg	167	18.5	18.7
	1 kg – 2 kg	92	10.2	10.3
	Above 2 kg	80	8.9	9.0
	Total	892	98.9	100.0
	unspecified	10	1.1	
Total		902	100.0	

Figura 23. Quantidade de alimentos deitados ao lixo em média por semana

| | | How much of the food you have bought in the last 6 months has reached the garbage? | | |
		Over 20 % N % row	10 – 15 % N % row	0 – 5 % N % row
Gender	F	21.7	22.3	56.0
	M	20.5	31.9	47.5
Age	Under 35	33.3	32.4	34.2
	35 - 50	27.9	27.5	44.7
	51 - 65	10.6	24.3	65.1
	Over 65	7.2	20.3	72.5

The last graduate school	Vocational school or less	13.0	24.4	62.6
	College	21.2	25.5	53.3
	Higher education	29.4	30.2	40.5
Number of family members	1	9.8	22.0	68.3
	2	16.5	27.6	55.9
	3	26.5	25.2	48.3
	4 or more	27.6	30.2	42.2
Number of children under the age of 16	0	18.5	26.0	55.5
	1	28.0	27.2	44.8
	2 or more	30.3	33.7	36.0
Monthly income of the family	Under 1500 lei	10.6	21.3	68.1
	1500 – 2500 lei	18.8	23.6	57.6
	2500 – 3500 lei	27.9	28.5	43.6
	Over 3500 lei	28.7	30.9	40.4
Region	Bucharest	24.0	24.6	51.4
	Transylvania	17.8	23.5	58.7
	Muntenia, Oltenia and Dobrogea	24.1	31.9	44.0
	Moldavia and Bucovina	21.5	29.7	48.8

Figura 24. Quantidade de alimentos deitados ao lixo nos últimos 6 meses

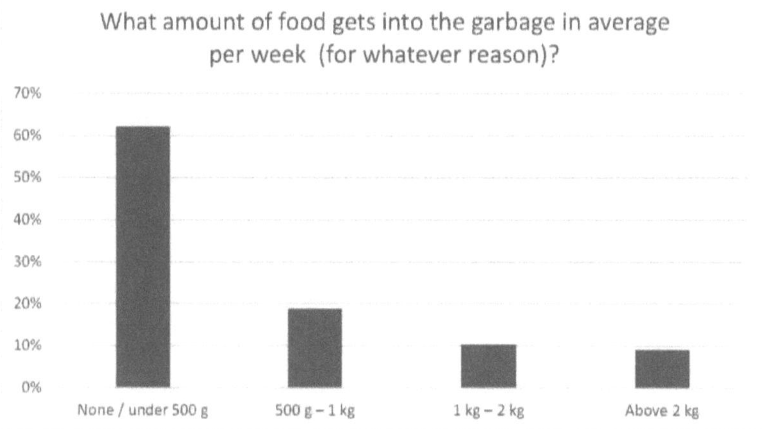

Figura 25. Quantidade de alimentos deitados ao lixo em média por semana - Fonte: INFOmass

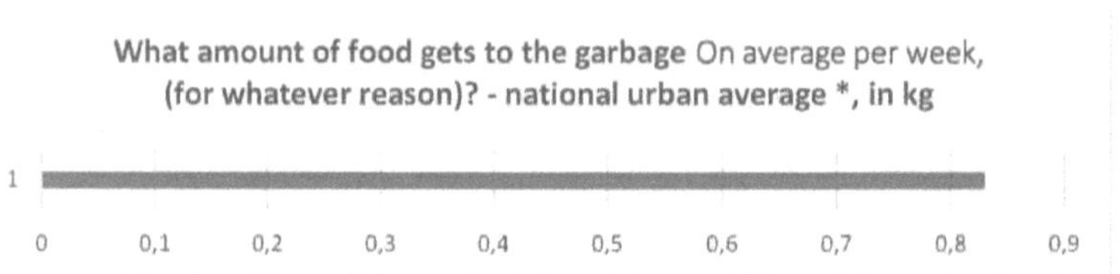

** Foram efectuadas as seguintes reduções das categorias de respostas: - 500 g foi equiparado a 500 g, 500 g - 1 kg foi equiparado a 750 g, 1-2 kg foi equiparado a 1,5 kg, mais de 2 kg foi equiparado a 2,5 kg*

Figura 26. Quantidade de alimentos deitados ao lixo com base na média urbana nacional em kgon - Fonte: INFOmass

Que quantidade de alimentos vai para o lixo, em média, por semana (por qualquer motivo)? - média urbana nacional *, em kg: 0,83 kg / família, para um número médio de 2,73 membros / família.

Compared to last year, this year the amount of dumped food has:		Number of people	Percent (%)	Valid Pervent (%)
Valid	Grew	104	11.5	12.7
	Remained the same	578	64.1	70.7
	Has fallen	136	15.1	16.6
	Above 2 kg	818	90.7	100.0
	unspecified	84	9.3	
Total		902	100.0	

Figura 27. Quantidade de alimentos deitados ao lixo este ano em comparação com o ano passado - Fonte: INFOmass

To what extent are you concerned about the price / money paid for the food that is discarded?				
		Number of people	Percent (%)	Valid Pervent (%)
Valid	None / very little	364	40.4	42.7
	Little	71	7.9	8.3
	So and so	83	9.2	9.7
	A lot	110	12.2	12.9
	Greatly	225	24.9	26.4
	Total	853	94.6	100.0
	unspecified	49	5.4	
Total		902	100.0	

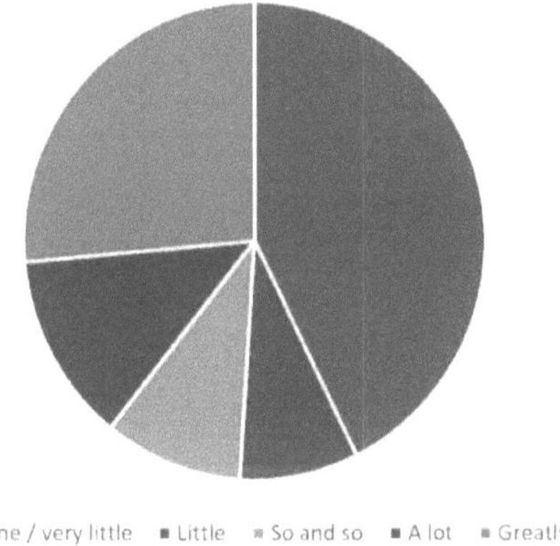

Figura 28.1-2. O grau de preocupação com o preço pago pelos alimentos que são deitados fora - Fonte: INFOmass

| | | To what extent are you concerned about the price / money paid for the food that is discarded? | | | | |
		Greatly N % row	A lot N % row	So and so N % row	Little N % row	None N % row
Gender	F	28.7	14.8	8.5	7.0	41.1
	M	23.7	10.7	11.2	9.9	44.5
Age	Under 35	27.4	12.8	15.1	12.8	32.0
	35 - 50	31.6	12.9	10.5	9.4	35.5
	51 - 65	21.6	14.4	6.8	4.2	53.0
	Over 65	23.7	10.8	5.0	5.8	54.7
The last graduate school	Vocational school or less	24.8	7.7	8.5	7.3	51.6
	College	27.8	16.4	7.3	7.0	41.5
	Higher education	27.1	12.5	14.5	11.4	34.5
Number of family members	1	20.0	8.3	9.2	10.8	51.7
	2	19.5	15.8	8.6	6.2	50.0
	3	33.6	13.8	7.4	7.8	37.3
	4 or more	31.7	11.0	13.8	10.1	33.5
	0	24.6	13.5	8.8	7.1	46.0
Number of children under the age of 16	1	33.9	13.2	7.4	9.9	35.5
	2 or more	30.2	9.3	16.3	14.0	30.2
Monthly income of the family	Under 1500 lei	24.6	9.6	9.6	8.0	48.1
	1500 – 2500 lei	24.4	16.9	8.0	6.7	44.0
	2500 – 3500 lei	25.7	15.8	9.4	11.1	38.0
	Over 3500 lei	32.3	9.2	11.4	7.4	39.7
City type	Big (more than 100000 people)	24.3	13.5	10.1	10.1	42.0
	Medium (50000 – 100000 people)	27.6	13.1	11.0	13.8	34.5
	Small (50000 people)	28.6	12.0	8.6	3.3	47.5
Region	Bucharest	24.3	9.2	5.8	5.8	54.9
	Transylvania	25.4	13.2	9.7	7.5	44.2
	Muntenia, Oltenia and Dobrogea	22.6	17.7	11.0	14.6	34.1
	Moldavia and Bucovina	33.0	11.7	12.2	6.6	36.5

Figura 29. O grau de preocupação com o preço pago pelos alimentos que são deitados fora - Fonte: INFOmass

How interested are you to reduce the amount of food waste in your household?			
	Number of people	Percent (%)	Valid Pervent (%)
Valid	Not interested	275	30.5	30.9
	Not too interested	77	8.5	8.6
	Interested	156	17.3	17.5
	Very interested	383	42.5	43.0
	Total	891	98.8	100.0
	unspecified	11	1.2	
Total		902	100.0	

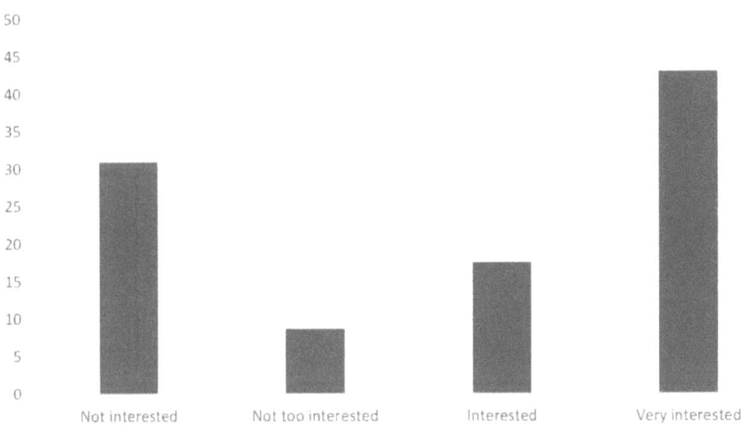

Figura 30.1-2. O interesse em reduzir a quantidade de resíduos alimentares nos agregados familiares - Fonte: INFOmass

		How much of the food you have bought in the last 6 months has reached the garbage?
		average percentage in the target segment
How interested are you to reduce the amount of food waste in your household?	Not interested	8.03%
	Not too interested	12.64%
	Interested	10.83%
	Very interested	11.56%

		How interested are you to reduce the amount of food waste in your household?			
		Very interested	Interested	Not too interested	Not interested
		N % row	N % row	N % row	N % row
Gender	F	45.2	16.5	6.3	31.9
	M	40.4	18.7	11.2	29.7
Age	Under 35	45.8	20.7	10.6	22.9
	35 - 50	40.5	19.3	8.3	31.8
	51 - 65	42.2	15.6	7.4	34.8
	Over 65	44.7	13.2	7.9	34.2
The last graduated school	Vocational school or less	38.9	12.8	7.8	40.5
	College	43.9	17.2	9.4	29.4
	Higher education	46.4	22.4	8.7	22.4
Number of family members	1	45.7	10.2	11.0	33.1
	2	40.4	16.2	7.4	36.0
	3	47.2	17.3	9.1	26.4
	4 or more	41.0	23.1	8.3	27.5
Number of children under the age of 16	0	43.1	16.5	8.3	32.1
	1	45.6	18.4	8.0	28.0
	2 or more	40.9	25.0	10.2	23.9
Monthly income of the family	Under 1500 lei	41.8	13.3	10.7	34.2
	1500 – 2500 lei	36.6	20.4	7.2	35.7
	2500 – 3500 lei	42.5	16.0	9.9	31.5
	Over 3500 lei	51.5	18.0	6.0	24.5
City type	Big (more than 100000 people)	44.1	20.0	7.5	28.3
	Medium (50000 – 100000 people)	44.5	20.0	12.3	23.2
	Small (50000 people)	40.7	12.8	8.3	38.1
Region	Bucharest	56.9	9.4	2.8	30.9
	Transylvania	37.4	20.4	10.0	32.2
	Muntenia, Oltenia and Dobrogea	41.9	19.2	12.2	26.7
	Moldavia and Bucovina	40.7	18.7	8.6	32.1

Figura 31.1-2. Quantidade de alimentos deitados ao lixo nos últimos 6 meses

Just for interested and very interested - Please tell me why?			
		Number of people	Percent (%)	Valid Pervent (%)
Valid	I feel guilty that I have to throw good food	121	13.4	23.9
	It is a waste of money and time	297	32.9	58.6
	It is bad for the environment	77	8.5	15.2
	Other reason	12	1.3	2.4
	Total	507	56.2	100.0
	Unspecified / don't know	32	3.5	
	Question doesn't apply	363	40.2	
	Total	395	43.8	
Total		902	100.0	

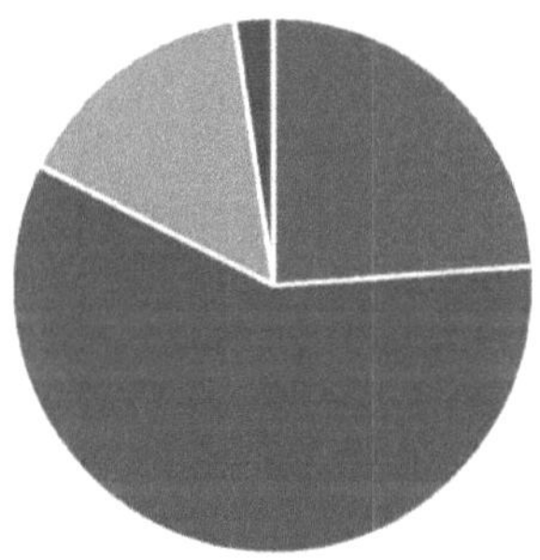

Figura 32.1-2. A razão pela qual os alimentos são deitados ao lixo - Fonte: INFOmass

How often do you throw food in the trash for the reasons / causes below?			
	Often	Rare	Extremely rare
	Row N %	Row N %	Row N %
a. Special promotions and special offers of major stores / supermarkets	10.2	14.5	75.2
b. We do not make a plan / shopping list or we do not keep it	13.0	12.2	74.8
c. What we buy comes packed in too large quantities	13.2	15.6	71.3
d. We need to make room in the refrigerator for new products	14.0	15.5	69.4
e. We did not store the products properly	9.5	16.1	74.4
f. We do not re-pack the products properly after we opened them	10.1	16.6	73.3
g. We do not eat the food that should be eaten first	23.5	14.5	62.0
h. Products expire or degrade before we consume them	18.1	18.2	63.7
i. The food burned or went bad	3.7	15.4	80.9
j. What remains at the table is thrown away	23.8	16.6	59.6
k. Some members of the family don't like the food	9.4	13.8	76.8

Figura 33.1-2. Com que frequência deita comida para o lixo pelas razões/causas abaixo? - Fonte: INFOmass

Do you agree with the statement: discarded food is not a problem because it is natural and biodegradable?				
		Number of people	Percent (%)	Valid Percent (%)
Valid	Rather agreement	216	23.9	25.4
	Rather disagree	633	70.2	74.6
	Total	849	94.1	100.0
	Unspecified / don't know	53	5.9	
Total		902	100.0	

Do you agree with the statement: discarded food is not a problem because it is natural and biodegradable?

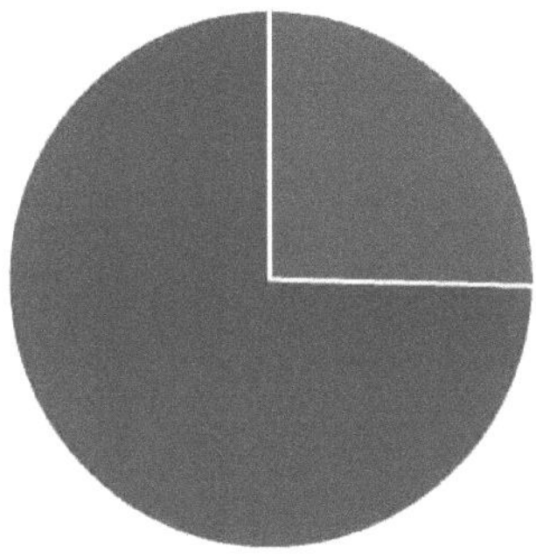

		Do you agree with the statement: discarded food is not a problem because it is natural and biodegradable?	
		Rather agreement	Rather disagree
		N % row	N % row
Gender	F	21.7	78.3
	M	29.7	70.3
Age	Under 35	28.8	71.2
	35 - 50	21.9	78.1
	51 - 65	27.8	72.2
	Over 65	23.4	76.6
The last graduated school	Vocational school or less	27.6	72.4
	College	24.8	75.2
	Higher education	24.5	75.5
	Under 1500 lei	27.8	72.2

Monthly income of the family	1500 – 2500 lei	29.1	70.9
	2500 – 3500 lei	23.6	76.4
	Over 3500 lei	22.2	77.8
City type	Big (more than 100000 people)	26.6	73.4
	Medium (50000 – 100000 people)	22.3	77.7
	Small (50000 people)	25.4	74.6
Region	Bucharest	22.7	77.3
	Transylvania	24.1	75.9
	Muntenia, Oltenia and Dobrogea	25.1	74.9
	Moldavia and Bucovina	30.2	69.8

Figura 34.1-3. Concorda com a afirmação: os alimentos deitados fora não são um problema porque são naturais e biodegradáveis? - Fonte: INFOmass

Most of all, where do you buy the largest quantity of food from?				
		Number of people	Percent (%)	Valid Pervent (%)
Valid	Supermarket / Hipermarket chains	462	51.2	51.7
	Neighborhood stores	152	16.9	17.0
	From the market	147	16.3	16.4
	From my own household	133	14.7	14.9
	Total	894	99.1	100.0
	Unspecified / don't know	8	0.9	
Total		902	100.0	

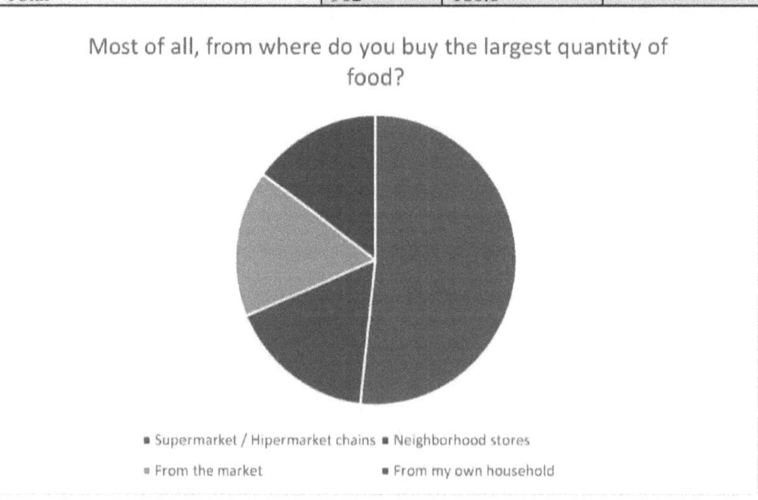

Figura 35.1-2. Acima de tudo, onde é que compra a maior quantidade de alimentos? - Fonte: INFOmassa

How often do you dine in the city?			
		Number of people	Percent (%)	Valid Pervent (%)
Valid	Never	378	41.9	42.5
	Every few months	199	22.1	22.4
	Severeal times per month	193	21.4	21.7
	Serveral times per week	103	11.3	11.6
	Almost every day	17	1.9	1.9
	Total	890	98.7	100.1
	Unspecified / don't know	12	1.3	
Total		902	100.0	

Figura 36.1-2. Com que frequência janta na cidade? - Fonte: INFOmass

	How much of the food you have bought in the last 6 months has reached the garbage?	
	Average percentage in the target segment	
How often do you dine in the city?	Never	7.64%
	Every few months	10.64%
	Severeal times per month	12.69%
	Serveral times per week	15.36%
	Almost every day	15.76%

Figura 37. Qual a quantidade de alimentos que comprou nos últimos 6 meses que foi parar ao lixo?

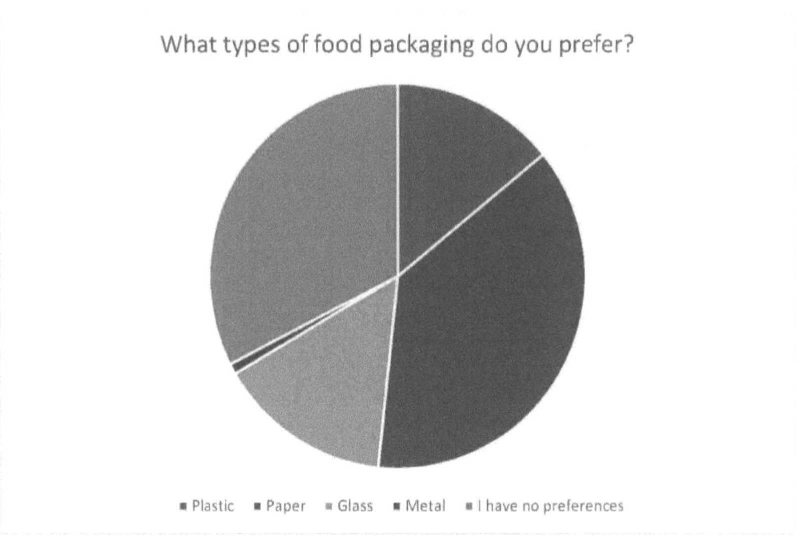

Figura 38. Que tipos de embalagens alimentares prefere? - Fonte: INFOmass

Do you practice recovery / reuse of packaging?			
	Number of people	Percent (%)	Valid Percent (%)
Valid	No	335	37.1	37.3
	Yes, only glass	156	17.3	17.4
	Yes, only plastic	91	10.1	10.1
	Yes, glass and plastic	316	35.0	35.2
	Total	898	99.6	100.0
	Unspecified / don't know	4	0.4	
Total		902	100.0	

Do you practice household waste (food) selection compared to recyclable waste (paper, metal, glass)?		
	Number of people	Valid percent (%)
Valid	Yes	489	54.2
	No	413	45.8
	Total	902	100.0

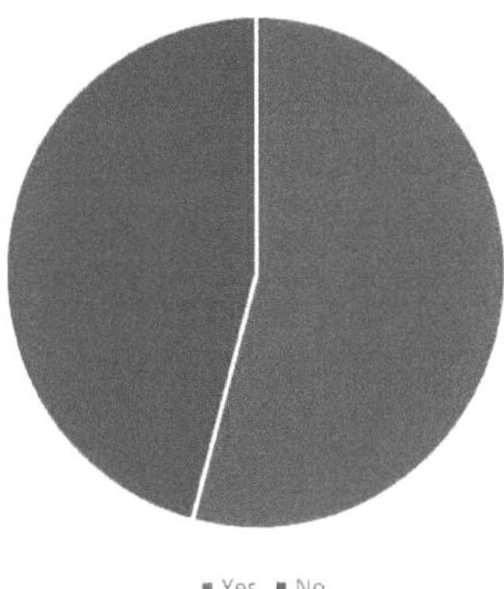

Figura 39.1-3. Pratica a recuperação / reutilização de embalagens? - Fonte: INFOmass

If you do not select household waste, what is the reason?		Number of people	Percent (%)	Valid Percent (%)
Valid	I do not care	30	3.3	7.8
	I don't think the system works	43	4.8	11.1
	There is no recycle infrastructure at municipal level	312	34.6	80.6
	Other	2	0.2	0.5
	Total	387	42.9	100.0
	Unspecified / don't know	13	1.4	
	The question doesn't apply	502	55.7	
	Total	515	57.1	
Total		902	100.0	

Figura 40. Se não selecionar resíduos domésticos, qual é a razão?

3.2.3. Interpretação dos resultados do estudo de mercado sobre os factores socioeconómicos que influenciam os hábitos de consumo dos agregados familiares na Roménia

A interpretação dos resultados baseia-se no tratamento de dados primários fornecidos pelo operador de investigação, complementado com o tratamento de dados comparativos, com base em critérios relevantes para os peritos do projeto, a fim de caraterizar as tendências do grupo-alvo.

3.2.3.1. Relativamente aos montantes gastos em alimentos nos agregados familiares urbanos

Um fator importante de incerteza é o facto de cerca de 16% dos membros da amostra não terem conseguido estimar as suas despesas alimentares, o que pode sugerir um risco potencial de desperdício alimentar. Os resultados mostram que 70,3% dos agregados familiares gastam menos de 900 lei / mês em alimentos. Apenas 8,2% atribuem montantes superiores a 1500 lei / mês. (Figura 5.1-2)

Em relação ao número de agregados familiares, o consumo é o seguinte (apenas 750 respostas puderam ser validadas).

Tabela 20. Por favor, diga-me quanto gasta por mês em alimentação para si e para a sua família, em função do número de membros?

Please tell me how much you spend per month on food for you and your family, correlated with the number of members?					
		Number of family members			
		1 member	2 members	3 members	4 members or more	Total
Please tell me how much you spend per month on food for you and your family.	under 500 lei	68	88	44	45	245
	500-900 lei	30	92	85	75	282
	900-1500 lei	9	53	46	53	161
	above 1500 lei	1	23	14	24	62
Total		**108**	**256**	**189**	**197**	**750**

A distribuição dos custos alimentares é muito variada, independentemente do número de membros da família. Este facto pode indicar uma dieta variada, mas também um elevado risco de desperdício para uma família de 1 ou 2 pessoas, que tem um orçamento alimentar superior a 1500 lei/mês.

Relativamente às famílias com consumo médio mensal superior a 1500 lei, 23,36% são famílias sem filhos menores de 16 anos, 31,91% são famílias com 1 filho menor de 16 anos e 44,74% são famílias com 2 ou mais filhos menores de 16 anos. (Figura 7).

A partir dos dados apresentados acima, o nível de despesas está significativamente relacionado com os rendimentos das famílias, independentemente da sua dimensão:

Tabela 21. Rendimento mensal de toda a família, correlacionado com o número de membros

Monthly income of the entire family, correlated with the number of members:					
		Number of family members			
		1 member	2 members	3 members	4 members or more	Total
Monthly Income of the Family:	under 1500 lei	80	63	26	32	201
	1500-2500 RON	29	104	59	44	236
	2500-3500 RON	5	57	60	59	181
	above 3500 RON	9	64	80	80	233
Total		**123**	**288**	**225**	**215**	**851**

O potencial de risco de desperdício pode ser localizado na área de rendimento de mais de 2500 lei / mês, especialmente para famílias com 1 ou 2 membros.

Relativamente às regiões históricas, Bucareste atribui os maiores orçamentos para a alimentação (49,3% orçamentos superiores a 900 lei/mês), em correlação com as receitas provenientes desta região. Os orçamentos mais baixos são os da Moldávia e da Bucovina (19,2% dos orçamentos superiores a 900 lei/mês) (figura 9).

Verifica-se também que os orçamentos nas grandes cidades são significativamente mais elevados do que nas localidades mais pequenas. A percentagem de despesas superiores a 1500 lei / mês * família nas grandes cidades excede a soma dos pesos nas cidades médias ou pequenas (Figura 8).

Em termos de dinâmica ao longo do tempo, o sentimento geral é de um ligeiro aumento, com apenas 9,1% dos inquiridos a considerarem que gastam menos em alimentos do que no ano passado.

3.2.3.2. Relativamente à fonte de abastecimento

O inquérito confirmou a elevada percentagem de consumo urbano de alimentos nas cadeias de retalho: 51,7% dos consumidores utilizam-nas. (Figura 35.1-2).

Destes, 65,1% gastam menos de 900 lei por mês em géneros alimentícios, dos quais 25,9% gastam menos de 500 lei por mês. Isto indica que o comércio retalhista se dirige a todas as categorias de compradores.

Tabela 22. Onde é que compra a maior quantidade de alimentos? Relativamente ao orçamento mensal para alimentação

Where do you mostly buy the latgest amount of food from? Reported to monthly budget on food						
		Please tell me how much you spend per month on food for you and your family.				
		under 500 lei	500-900 lei	900-1500 lei	More than 1500 lei	Total
Where do you mostly buy the latgest amount of food from?	From supermarket / hypermarket chains	103	156	97	42	398
	From small neighborhood stores	49	45	26	6	126
	From the market	44	41	24	9	118
	from their own household or from the country	48	39	14	5	106
Total		**244**	**281**	**161**	**62**	**748**

As famílias numerosas têm tendência a recorrer sobretudo ao comércio a retalho. 57,7% das famílias com mais de 3 membros abastecem-se a retalho, contra 47,24% das famílias com 1 membro e 43,92% das famílias com 2 membros. Uma explicação pode ser a facilidade e a comodidade de efetuar compras nas grandes cadeias de lojas, em comparação com outras fontes.

Tabela 23. Onde é que compra a maior quantidade de alimentos? Referido ao número de membros da família

Where do you mostly buy the latgest amount of food from? Reported to the number of family members									
		Number of family members							
		1	2	3	4	5	6	7	Total
Where do you mostly buy the latgest amount of food from?	From supermarket / hypermarket chains	60	130	130	96	35	2	3	456
	From small neighborhood stores	26	58	39	20	8	1	0	152
	From the market	23	62	33	19	5	4	0	146
	from their own household or from the country	18	46	32	22	11	2	1	132
Total		127	296	234	157	59	9	4	886

Do ponto de vista das habilitações literárias, existe uma tendência visivelmente mais elevada para recorrer ao comércio a retalho com consumidores com habilitações literárias mais elevadas: 61.36% - 49.03% - 46.33%. Uma explicação possível poderia ser o grau de conforto durante o processo de aquisição oferecido pelas grandes redes, bem como a variedade extremamente rica oferecida.

Tabela 24. Onde é que compra a maior quantidade de alimentos? Comunicado à última escola de pós-graduação

Where do you mostly buy the latgest amount of food from? Reported to the last graduate school					
		The last graduated school:			
		vocational school or less	high school	higher education	Total
Where do you mostly buy the latgest amount of food from?	From supermarket / hypermarket chains	120	177	162	459
	From small neighborhood stores	51	64	36	151
	From the market	38	61	44	143
	From their own household or from the country	50	59	22	131
Total		259	361	264	884

Também é maior a percentagem de consumidores dos grandes centros urbanos que optam por fazer as suas compras em supermercados (57,96%), em comparação com os das cidades médias (50,64%) ou pequenas (43,85%).

Tabela 25. Onde é que compra a maior quantidade de alimentos? Reportado ao tipo de cidade:

Where do you mostly buy the latgest amount of food from? Reported to city type:					
		City type:			
		big (above 100000 inhabitants)	medium (50000-100000 inhabitants)	smal (less than 50000 inhabitants)	Total
Where do you mostly buy the latgest amount of food from?	From supermarket / hypermarket chains	244	79	139	462
	From small neighborhood stores	69	35	48	152
	From the market	69	21	57	147
	from their own household or from the country	39	21	73	133
Total		421	156	317	894

A situação é mais acentuada a nível das regiões históricas, onde mais de 61,15% dos habitantes de Bucareste recorrem ao comércio retalhista, em comparação com 46,19% dos consumidores na Moldávia e Bucovina, 54,75% na zona sul e 47,99% na Transilvânia.

Tabela 26. Onde é que compra a maior quantidade de alimentos? Referido a regiões históricas

acumuladas

Where do you mostly buy the latgest amount of food from? Referred to cumulative historical regions						
		Cumulative historical regions				
		Bucharest	Transylvania	Muntenia, Oltenia and Dobrogea	Moldova and Bucovina	Total
Where do you mostly buy the latgest amount of food from?	From supermarket / hypermarket chains	112	155	98	97	462
	From small neighborhood stores	24	51	27	50	152
	From the market	34	52	24	37	147
	from their own household or from the country	12	65	30	26	133
Total		182	323	179	210	894

Uma explicação é a disseminação dos pontos de venda a retalho no país, as redes partem de Bucareste, continuam nas grandes cidades e concentram-se nas zonas económicas fortes ou nos fluxos de população (zonas de concentração turística).

3.2.3.3. Sobre o nível de desperdício alimentar nos agregados familiares

No que respeita à percentagem de alimentos descartados superior a 10%, os produtos de padaria (27,2%) e os alimentos cozinhados (23,6%) são os alimentos mais dispersos, seguidos dos legumes e frutas e dos produtos lácteos (Figura 12.1-3). As refeições enlatadas e semi-preparadas, incluindo a carne, são as mais valorizadas. As possíveis explicações podem ser dadas pela duração específica da manutenção das qualidades sensoriais dos alimentos, bem como pelo seu preço.

Os inquiridos que declararam níveis de desperdício superiores a 10% são maioritariamente abastecidos por cadeias de supermercados/hipermercados e, em proporções relativamente equilibradas, por outras fontes (pequenas lojas, mercado agroalimentar ou fontes rurais). A dimensão das famílias conduz a um aumento dos resíduos e as famílias com crianças pequenas têm um elevado nível de resíduos. O nível de rendimento influencia diretamente a quantidade de alimentos deitados fora, confirmando os riscos avaliados no subcapítulo anterior O nível de desperdício médio nacional é influenciado pela dimensão da família, bem como pelo número de menores. Em relação ao rendimento familiar, confirma-se a correlação da média nacional com os recursos financeiros existentes, variando entre o simples e o duplo, respetivamente de 6,9% para rendimentos inferiores a 1500 lei, a 13,4%, para rendimentos superiores a 3500 lei. (Figura 13.1-4, Figura 18.1-2).

No que respeita à evolução durante um período mais longo (6 meses), verifica-se uma média nacional de 10,4% de resíduos alimentares urbanos para um agregado familiar com uma média calculada de 2,73 membros (Figura 15). O nível está incluído nas estimativas de baixo rendimento médio específicas do país.

Por grupos etários, os jovens com menos de 35 anos contribuem para as maiores quantidades de resíduos - 15% (Figura 16.1-2).

Um fator importante é a correlação entre o nível de educação e o grau de desperdício alimentar. Verifica-se que os licenciados são os que mais desperdiçam (13,2%) de todas as categorias de consumidores. Este facto mostra-nos a falta de educação para a sustentabilidade alimentar ao nível de todo o sistema educativo na Roménia, sendo o comportamento alimentar da população determinado pela disponibilidade financeira de cada agregado familiar (17,1-2).

Historicamente, Bucareste tem uma taxa média de desperdício de 12,1%, sendo a maior. Notavelmente, a Transilvânia tem o nível mais baixo de desperdício alimentar, o que contradiz de certa forma a correlação com o rendimento das áreas onde a Transilvânia está melhor classificada do que as outras regiões (Figura 19.1-2).

A percentagem média de resíduos alimentares é relativamente a mesma, independentemente da dimensão das localidades (Figura 20).

Tabela 27. Rendimento mensal de toda a família em regiões históricas agregadas

Monthly income of the entire family on historical aggregated regions					
		Cumulative historical regions			
		Bucharest	Transylvania	Muntenia, Oltenia and Dobrogea	Moldavia and Bucovina	Total
Monthly Income of the Family:	under 1500 Lei	15	81	40	66	202
	1500-2500 Lei	34	92	47	64	237
	2500-3500 Lei	39	59	44	40	182
	More than 3500 RON	83	78	36	36	233
Total		**171**	**310**	**167**	**206**	**854**

O resultado sugere uma cultura superior de gestão dos recursos alimentares na Transilvânia.

Mais uma vez, os consumidores que compram em supermercados são os que mais contribuem para o desperdício, 11,9% da média nacional de desperdício, em comparação com outras fontes de abastecimento, entre 8,0% e 9,9% (Figura 21.1-2).

3.2.3.4. Relativamente à quantidade de alimentos depositados no lixo

Os resultados da investigação indicam uma quantidade média ponderada de desperdício semanal de alimentos em agregados familiares urbanos de 0,83 kg para um agregado familiar com um calibre médio de 2,73 membros (Figura 26).

A apreciação revela uma relativa estagnação do fenómeno em relação ao ano passado. No entanto, 12,7% dos inquiridos referem um aumento dos seus próprios gorps (Figura 27).

Cerca de 9% dos inquiridos afirmam deitar fora mais de 2 kg de alimentos por semana (Figura 25). Entre eles, 6% declaram ter um rendimento superior a 2500 lei / mês, 59,5% são membros de famílias com mais de 3 pessoas e 2% são de Bucareste. 6,3% dos inquiridos que dizem deitar fora mais de 2 kg de alimentos são de cidades com uma população superior a 50.000 habitantes.

Tabela 28. Qual a quantidade de alimentos que vai para o lixo, em média, por semana (por qualquer motivo) em relação ao rendimento mensal de toda a família

What amount of food gets to the garbage on average per week (for whatever reason) relative to the monthly income of the whole family						
		Monthly Income of the Family:				
		Under 1500 lei	1500-2500 lei	2500-3500 lei	More than 3500 lei	Total
What amount of food gets to the garbage on average per week (for whatever reason)?	None / under 500gr	153	164	90	117	524
	500 g-1 kg	19	39	45	53	156
	1-2 kg	15	22	25	27	89
	More than 2kg	11	12	20	34	77
Total		**198**	**237**	**180**	**231**	**846**

Tabela 29. Que quantidade de comida vai para o lixo, em média, por semana (por qualquer razão)? Reportado a Número de membros da família

What amount of food gets to the garbage on average per week (for whatever reason)? Reported to Number of family members								
		Number of family members						
		1	2	3	4	5	6	7	Total
What amount of food gets to the garbage on average per week (for whatever reason)?	None / under 500gr	104	205	126	71	33	7	2	548
	500 g-1 kg	10	47	46	48	11	2	0	164
	1-2 kg	6	29	32	19	5	0	1	92
	More than 2kg	8	17	26	17	9	0	1	78
Total		**128**	**298**	**230**	**155**	**58**	**9**	**4**	**882**

Tabela 30. Que quantidade de alimentos vai para o lixo, em média, por semana (por qualquer motivo)? Referente a regiões históricas acumuladas

What amount of food gets to the garbage on average per week (for whatever reason)? Referred to cumulative historical regions						
		Cumulative historical regions				
		Bucharest	Transylvania	Muntenia, Oltenia and Dobrogea	Moldavia and Bucovina	Total
What amount of food gets to the garbage on average per week (for whatever reason)?	None / under 500gr	117	216	102	118	553
	500 g-1 kg	29	57	23	58	167
	1-2 kg	16	31	28	17	92
	More than 2kg	18	24	22	16	80
Total		**180**	**328**	**175**	**209**	**892**

Tabela 31. Que quantidade de alimentos vai para o lixo, em média, por semana (por qualquer motivo)? Informado ao tipo de cidade

<table>
<tr><td colspan="6">What amount of food gets to the garbage on average per week (for whatever reason)? Reported to city type</td></tr>
<tr><td></td><td></td><td colspan="3">Town type:</td><td></td></tr>
<tr><td></td><td></td><td>big (over 100000 inhabitants)</td><td>average (50000-100000 inhabitants)</td><td>small (less than 50000 inhabitants)</td><td>Total</td></tr>
<tr><td rowspan="4">What amount of food gets to the garbage on average per week (for whatever reason)?</td><td>None / under 500 g</td><td>266</td><td>101</td><td>186</td><td>553</td></tr>
<tr><td>500 g-1 kg</td><td>84</td><td>26</td><td>57</td><td>167</td></tr>
<tr><td>1-2 kg</td><td>37</td><td>20</td><td>35</td><td>92</td></tr>
<tr><td>More than 2kg</td><td>36</td><td>10</td><td>34</td><td>80</td></tr>
<tr><td>Total</td><td></td><td>423</td><td>157</td><td>312</td><td>892</td></tr>
</table>

Os resultados quantitativos são confirmados pelo peso, nomeadamente o facto de o desperdício alimentar ser ditado pelos rendimentos disponíveis, sendo a atitude face a este fenómeno relativamente uniforme à escala nacional.

3.2.3.5. Relativamente às causas do comportamento de desperdício alimentar

Da análise das respostas relativas ao desperdício alimentar nos agregados familiares, selecionando as respostas geradoras de desperdício (frequentemente / muito frequentemente), verificou-se que o desperdício é mais frequentemente gerado pela administração incorrecta dos alimentos preparados. Ou não há ordem no seu consumo, levando à sua deterioração (impacto de 23,5%), ou não há uma cultura de conservação de um dia para o outro (23,8%) - (Figura 33.1-2). Estas situações podem ser consideradas algo semelhantes, o que aumenta ainda mais o impacto nas refeições preparadas. Uma primeira conclusão pode estar relacionada com a dosagem incorrecta da quantidade de alimentos preparados no agregado familiar. Outras podem estar relacionadas com uma ciência culinária insuficiente, que poderia fornecer soluções para a reformulação dos resíduos do frigorífico, ou a adoção de um planeamento do consumo alimentar, correlacionado com a data de preparação.

Numa relação lógica implícita, o facto de mais de 66% dos inquiridos irem a um restaurante pelo menos uma vez em cada poucos meses, o que significa menos de 1% do total de refeições que consomem, faz com que os riscos de gerar perdas alimentares se mantenham ao nível do agregado familiar. Apenas 1% dos consumidores come na cidade quase diariamente. Ilustrativamente, estão entre os inquiridos com os níveis mais baixos de desperdício doméstico, 52,94% dos quais deitam fora menos de 500g de alimentos por semana.

Tabela 32. Quantas vezes janta na cidade? Informou a quantidade de comida que vai para o lixo (por qualquer motivo)

How many times do you dine in town? Reported to what amount of food reaches the garbage (for whatever reason)					
		On average, what amount of food gets into the garbage (for whatever reason) on a weekly basis?				
		none / under 500gr	500 g -1 kg	1-2 kg	more than 2kg	Total
How many times do you dine in town?	never	286	40	27	20	373
	once every few months	118	37	21	18	194
	every few months	99	53	23	18	193
	several times a week	32	32	20	19	103
	almost every day	9	2	1	5	17
Total		544	164	92	80	880

3.2.3.6. Sobre o nível de sensibilização para o desperdício alimentar

Mais de metade dos inquiridos mostra pouca ou nenhuma preocupação com o custo da eliminação dos alimentos (Figura 30.1-2).

O desinteresse é maior nos homens, o que pode ser explicado pela alternativa de que as mulheres deveriam ser aquelas com maior responsabilidade pela alimentação, bem como por faixas etárias acima da média, estudos médios, algo surpreendente dado o menor nível de desperdício dessas categorias. A situação também é preservada na aparente falta de preocupação com as famílias de baixa renda ou com baixo rendimento. A explicação é dada pelo facto de a compra de alimentos estar profundamente correlacionada com a disponibilidade financeira, o que faz com que as zonas pobres não se possam dar ao luxo de desperdiçar alimentos.

Está de acordo com o indicador de que existe um elevado nível de despreocupação com o custo do desperdício alimentar em Bucareste, daí o aumento do nível de desperdício. Aqui a disponibilidade financeira é significativamente maior do que no resto do país, e os riscos do comportamento alimentar geram desperdício (Figura 31.1-2).

Uma ilustração da consciencialização e das limitações na educação sobre o desperdício alimentar é a atitude confusa em relação ao impacto que o desperdício alimentar tem na qualidade de vida. Assim, há uma percentagem significativa de inquiridos, de 25,4%, que tende a concluir que os alimentos descartados não são um problema devido à sua natureza natural e biodegradável. Os outros aspectos, qualidade e segurança de vida, parecem não ter importância (Figura 32.1-2).

3.2.3.7. Relativamente à motivação dos consumidores para reduzir os resíduos alimentares

Relativamente à questão do interesse em reduzir o desperdício alimentar, 40,2% dos inquiridos mostraram-se desinteressados ou não têm um ponto de vista relacionado com este tópico (Figura 34.1-2). Correlacionando com o nível médio de desperdício nestas categorias, verificam-se duas situações distintas. Os inquiridos que não estão nada interessados têm uma taxa de desperdício de 8,03%, abaixo da média nacional, enquanto a categoria dos inquiridos que não estão muito interessados tem a taxa de desperdício mais elevada, de 12,64%. Surpreendentemente, mas também de forma encorajadora, os níveis de desperdício das categorias interessadas estão também acima da média nacional. Estes aspectos sugerem um desejo de alterar comportamentos de desperdício não fundamentados, mas o conhecimento ou o incentivo do público não são suficientes. As tendências mantêm-se a todos os níveis da amostragem: género, idade, educação, rendimento.

A motivação para a mudança junto dos interessados é tanto financeira como moral (sinto-me culpado por deitar comida fora), bem como a responsabilidade pelo ambiente. Estas alavancas de motivação, mas também os aliados, podem ser utilizadas para incluir os relativamente desinteressados neste esforço de redução dos resíduos.

Para os interessados, a motivação para a mudança é tanto financeira como moral ("sinto-me culpado por deitar comida fora"), bem como a responsabilidade pelo ambiente. Estas alavancas de motivação, bem como outras, podem ser utilizadas para incluir os relativamente desinteressados neste esforço de redução dos resíduos.

CAPÍTULO 4

INVESTIGAÇÃO SOBRE AS MELHORES PRÁTICAS DE AVALIAÇÃO DOS RESÍDUOS NOS AGREGADOS FAMILIARES A NÍVEL EUROPEU E NACIONAL

4.1. Metodologia

A investigação foi efectuada através da consulta de uma referência de partes interessadas relacionadas com o processo de limitação do desperdício alimentar a nível global, regional e nacional. Houve consultas entre a FAO, o PNUA, a Comissão Europeia, vários projectos europeus e/ou nacionais, bem como muitas iniciativas de ação local no domínio da limitação do desperdício alimentar nos agregados familiares.

4.2. Identificação de fontes de boas práticas internacionais

Tabela 33. Fontes de boas práticas internacionais

Name	Origin	Short presentation
Love Food Hate Waste	Great Britain	Presentation: An initiative of the WRAP (The Waste and Resources Action Program), a charitable organization in the UK. The organization operates directly in the territory and through its online platform, proposing from point-to-point actions (community wastage competitions) to online informational support on various themes: shopping cartoons, menus diversifying recipes, IT tools - Android and iPhone apps planning, shopping and recipes predominantly from reusable scraps. For greater accessibility, its products are presented both in English and in Welsh
Household Challenge	Great Britain	Project supported by Unilever, which provides a package of tools and tips in the household. Addresses the needs of UK consumers, from which 62% are accused of lack of knowledge, a matter that is considered the main cause that prevents them from having a sustainable attitude towards home-grown food.
Love Food Champions	Great Britain	Pilot project that lasted 4 months starting in February 2008. It covered 10 areas in England. The target group was involved in shopping planning in conjunction with menu programming, fresh food maintenance, and leftovers. Participants managed to reduce food waste to less than 50% from 4.7 kg per week per household.
100 ways to save your food	Sweden	The recipe book of a highly successful author focusing on food use solutions, focusing on the reuse and reinventing of

		fridge wastes. The manner is a fun one, as a journey of funny discoveries and a positive effect on family budgets.
Kitchen Canny	Great Britain	A set of materials useful in reducing food waste: a refrigerator calendar for menu and shopping management, 3 bags to compare the volume of waste before and after the food management program; there is also an anniversary sticker as well as a registration system where participants can stay in touch with the community of those who take a responsible course, and with the organizers of the action.
Keelham Farm Shop Vegetable Exchange Scheme	Great Britain	A solution by which farmers can capitalize their surplus of fruit and vegetables on a credit line in the stores they want. The system gathered over 50 participants in 2010, the next year reaching 78 customers.
It Pays to Plan Challenge	Great Britain	A group of volunteers specialized in food waste management offered solutions and advice on demand in various North London stores to customers who wanted to minimize their spending in a local competition. Participants managed to save up to 38% of their weekly volume of food waste.
Food Waste Challenge	Great Britain	A competition organized in Leicestershire, except Leicester City, to reduce food waste. The declared objective was to reduce the losses by at least 1/3. At the initiative of the local council, 3 households from each area were selected to participate in the contest.
Emerging Forms of Food Consumer Behaviour and Food Governance	Great Britain	A project that has studied and proposed new ways of communication and information support tailored from new emerging IT and mobile telecommunications technologies.
DinnerTime	Great Britain	A non-governmental initiative where participants in the program were encouraged to organize dinners in the group, sharing food. The objective of the program also had social valences, as well as the exchange of ideas and good practices in the management of household food resources.
National Zero Waste Week	Great Britain	This project, which was launched in 2008, aims to raise awareness of the concept of food waste and how to reduce it. Annually, new themes are being launched. More than 1,700 people have participated over time. Through the involvement of related organizations, the program has gained national relevance.
Casserole	Great Britain	The project was aimed at those people who are passionate about cooking and want to offer others their dishes. Older families or families with temporary problems can benefit from a cooked meal in the house. The Casserole Club

		operates as a community catering service. In addition to better use of food resources, it also contributes to the strengthening of the community spirit, the creation of communication bridges and mutual support.
Big Lunch	Great Britain	It is an initiative that encourages as many UK people as possible to participate in a group lunch on the first Sunday of June. Launched by Eden Project in 2009, it has reached an audience of over 4 million people attending this public event.
Apples for Eggs	Great Britain	The initiative includes creating a community of local producers who exchange their different products from their own garden. There are no money relations, just product shifts, assisted by a Facebook page.
Abundance Network	Great Britain	It's an initiative by which groups of people in the UK collect unwanted fruit from their area. Groups act individually, their results being disseminated on site or on group meetings. Other related initiatives promote fruit tree plantations, share ideas and solutions on how to use local food resources, including unique recipes.
League of meals	Great Britain	It is a concept that exploits the experience of people in the third generation in the field of cooking with what you have at hand. Seniors receive a package of ingredients and products and they adapt ad-hoc recipes, providing ideas along the way, revealing small kitchen secrets whereby any food rest can be integrated into a tasty and fresh menu.
Let's Get Cooking	Great Britain	A continuous initiative that gathers over 2 million people in cooking clubs, participates in various public culinary events, or uses the various solutions in their own households.
Watch your waste	Great Britain	Education Company & LoveFoodHateWaste Joint Initiative launched a recipe collection that exploits parts of foods that are commonly considered to be discarded. At the same time, advice on food planning and management is provided.
VegSwap	Great Britain	A network of gardeners who can exchange the vegetables and fruits of their own yard. It ensures the maximum diversification of the reserves in each family, as well as the drastic reduction of the waste due to the non-consumption of the reserves during the harvesting periods. Last but not least, annual crops are coordinated in order to generate complementarity at the level of members.
The Rubbish Diet	Great Britain	A cross-cutting creativity model that applies the principles of slimming diets and garbage cans. A two-step process, the first through which the discarded mix of products is audited, and the reuse of all recyclable products is sought, the second step which aims to maximize the use of feedstock. Participants proved very motivated, like any diet, even if

		some started hesitantly. As it happens with classical diets, support is provided through mentoring through group activities within an 8-week program. Since 2013, over 50 tons of products have been saved in 200 households.
	Great Britain	a) Share your meal - UK (Great Britain) Share your meal makes it possible to share your cooking with people in your neighbourhood. Whether you create culinary delights, or mac and cheese ... here you can share your meal with your neighbours. http://www.shareyourmeal.net/
Sainsbury's Food Rescue	Great Britain	A partnership between Sainsbury's retail network and Google, which has developed a support resource to reduce wastage, available online and on mobile. Solutions are provided for storing cooked food, remaning waste, tips on using household ingredients. The program was launched in July 2014.
Reducing food waste through community focussed initiatives	Great Britain	A comprehensive community program, including cooking courses, media campaigns at local level, regional partnerships. It is appreciated that the result of the campaign was a reduction in the amount of food waste in the community of about 14.7%.
Meet 2 Eat	Great Britain	A program to help people with lower skills in the kitchen, composed of interactive demonstrations, group or individual activities.
London Volunteer Food Waste Champions	Great Britain	9 volunteers from the London area provide information, advice, and share the secrets of saving and maximizing food supplies in their community.
The Matthew Tree Project	Great Britain	A network developed by FOODStORE's and services to support vulnerable people. Based on the model of the food banks, this project does not limit the number of visits for the supply but proposes a contract on the rhythm of the customers' supply. An attempt to fluidize the bank's activity by avoiding queues at the counter.
Working on Waste	Great Britain	An industry-wide corporate initiative, through which several companies mobilize their employees in October, to get personally involved in as many possible actions to reduce waste in households.
FOOD Battle: Don't throw food away	Netherlands	An Interactive Initiative to Empower Citizens to Reduce Food Waste. Several degrees of involvement are offered, from dissemination to direct action in their own household.
Zugutfuerdietonne - "Too good	Germany	A student competition of creative ideas that generated about 650 projects through which various byproducts were revalued.

for the trash can"		The project was carried out in 2013.
The mobile food saver	Germany	An mobile app that brings together information resources on reuse of fridge waste, food storage, shopping tips. The application was accessed by over 350,000 people.
Wastecooking	Germany	A complex movement centered around TV programs, a web series of other actions in the public space, condemning prodigal food consumption, promoting recipes from food that others throw away, even sparkling protests against the food waste.
Share your meal	Netherlands - Belgium	A site that offers homemade goodies. Starting from Utrecht, as a mobile application through which neighbors from a small neighborhood shared food between them in the house. In only 1 year it gathered.more than 40,000 users have
Nudge	Netherlands	A social enterprise that encourages farmers, entrepreneurs and citizens to participate in helping the vulnerable.
LeftoverSwap app	International	Mobile app for those who want to share their products, whether cooked or picked from their own garden.
"Släng inte maten"	Sweden	A support pack for school waste education, launched since 2008. It includes digital materials, animations and video.
Foodshare (International Household)	Great Britain	A nonprofit initiative linking food-generating stakeholders and charitiy organsisations with the role of facilitating the transfer of surpluses from canteens and feasts to people in need.
Foodsharing (Germany)	Germany	An initiative of the German Ministry of Agriculture, Food and Consumer Protection, launched in 2012, setting up surplus collection points from the profiled firms, transported with appropriate means in line with food safety requirements.
FoodLoop	Germany	An online platform that promotes near-term "best before date" products offered for sale at a discount. It's an application for mobile phones. The goal is to reduce food waste as much as possible, offering cheap solutions to consumers and maximizing the turnover of grocery stores. A general objective is to encourage the creation of sustainable trade. The application was launched in 2014 and covered the offers of 3 stores in Bonn.
Waste Watchers	Ireland	Volunteers supporting projects to reduce food waste among consumers in Ireland are tryng to reach the goal of reducing food losses by ¼. Their actions are aimed at awareness, support in intelligent planning and supply, storage and menu preparation.
Foodcloud	Ireland	An application that connects companies having excess food with certain organizations in vulnerable communities. The application sends automated messages to the nearest NGO

		about the available food in their area, which can be collected directly from the holding companies. If he refuses, the next NGO is contacted and so on until the food is assigned. The idea belongs to a community social enterprise.
Partage ton Frigo	France	An online application of a French organization where you can upload images of available foods that are added to a database available to your neighbors or colleagues. Generally speaking, the person in need is responsible for collecting food
La Bourse aux dons	France	A 14-week split schedule, whereby 24 families tried to reduce the volume of food losses in their households.
Green Cook	France	A regional initiative in NV Europe for a sustainable reformulation of the concept of food, offering innovative solutions in the field of food preparation. Solar energy, heat insulating systems, functional recipes represent the covered areas.
Disco Soupe	France	NGO initiative organizing community entertainment events where recipes from food products that are considered unattractive. The resulting menus are shared for free.

4.3 Identificação de fontes de boas práticas a nível nacional

As acções para limitar o desperdício alimentar nos agregados familiares romenos são realisticamente limitadas e não estão concretizadas. Existe apenas uma iniciativa específica, o Frigorífico Comunitário, aplicado em 2016 pela D.G.A.S.M.B, tendo a responsabilidade sido posteriormente transferida para o Distrito 4.

Outras acções semelhantes são iniciativas mais ou menos relacionadas: receitas tradicionais e receitas que utilizam restos de comida.

Uma iniciativa proposta por este projeto é a de uma parceria investigação-educação, com o objetivo de desenvolver currículos sobre a redução do desperdício alimentar nas escolas. A parceria foi levada a cabo com o I.S.J. Covasna, reunindo professores e alunos num esforço para formular soluções educativas para apoiar o controlo do desperdício alimentar na região.

Também em 2016 foi lançado um projeto da Associação MaiMultverde Roménia contra o desperdício alimentar. O projeto beneficia da experiência da Associação Foodwaste.ch, que também é parceira.

4.4. Elaboração de um guia de boas práticas

Na elaboração do guia, tivemos em conta a priorização das necessidades dos consumidores romenos na melhoria da forma como os recursos alimentares são utilizados.

Os capítulos do guia apresentam soluções com resultados comprovados que respondem a uma necessidade específica.

4.4.1. Guia de boas práticas para a redução do desperdício alimentar nos agregados familiares

Conselhos para comprar alimentos

Um papel decisivo para evitar o desperdício alimentar é fazer compras. Mais de 50% dos consumidores da cidade vão ao supermercado e a oferta é muito tentadora e fácil de colocar no cesto. E os cestos são muito grandes. É muito fácil seguir o fluxo e colocar comida sobre comida, desde que caiam no cesto. Especialmente se nos inspirarmos e não soubermos bem o que queremos comprar. Por vezes, chega a casa e, quando começa a cozinhar, apercebe-se de que não levou nada do que devia, apesar de o frigorífico e o armazém estarem cheios. Para evitar isto, utilize os 8 passos das compras inteligentes:

1. Verifique quais os alimentos que já tem no frigorífico: legumes, carne, produtos já preparados que podem ser incluídos nas novas receitas.

Evitar o desperdício de alimentos é a fase mais importante. Os recursos existentes guiarão as suas escolhas para o menu da fase seguinte. Por vezes, a simples combinação destes recursos pode dar origem a um prato fresco e extremamente saboroso. Existem soluções como a pizza, os guisados, as sopas ou o arroz com legumes.

2. Planear o que se pretende fazer com os alimentos

Para facilitar a escolha, não se esqueça:

alterar o código de cores entre pratos e de um ciclo para outro o resto de uma sopa pode tornar-se a base para outra sopa

o resto da sopa pode ser vertida e utilizada como base para o molho do assado

o resto da salada pode ser uma fonte vegetal para sopas

o resto do bife dará sabor ao guisado, ao arroz e a qualquer tipo de cozinhado

Tenha em conta os eventos do período considerado: se tiver eventos/festas, faça um planeamento separado para esse evento.

3. Planear o número de pessoas que pretende cozinhar

Deve ter em conta que os adultos consomem mais do que as crianças. Em geral, pode considerar-se ½ porção para crianças com menos de 14 anos de idade.

4. Planear o número de dias em que pretende comer o mesmo tipo de alimentos

A escolha do número de dias em que se deve comer o mesmo prato depende de vários factores: a sua duração, o grau de aceitação dos membros da família. Há pratos que se vão tornando mais saborosos à medida que o sabor se instala. A carne picada em folhas de couve é um exemplo. Regra geral, não programe menus para mais de 4 dias. Estudos britânicos descobriram que cerca de 13,5 mil milhões de porções de alimentos são deitadas fora anualmente no 5º dia após a preparação (de acordo com http://www.lovefoodhatewaste.com/content/love-your-fridge -and-waste- less)

5. Contar o número adequado de porções

É simples, basta somar os resultados das etapas anteriores. Por exemplo, uma família de 2 pais e 2 filhos, de 8 e 10 anos, representa 3 porções completas. Pronta para comer durante 3 dias, há 9 porções a cozinhar.

6. Calcular a quantidade de ingredientes, de acordo com as receitas, necessária para o menu proposto

Exemplos de cálculos fornecidos por especialistas em nutrição e chefes de cozinha:

Menus familiares

Para preparar 9 refeições de carne, são necessários

cerca de 1 kg de carne de vaca, borrego ou porco

cerca de 1,5 kg de frango ou peixe

Para preparar 9 peças de pratos de legumes, são necessários cerca de 960 gramas de legumes: batatas, cogumelos, abóboras, cenouras, couves.

Em princípio, uma porção de carne requer cerca de 110 g de carne de vaca, porco, borrego ou cerca de 160 g de frango ou peixe, e cerca de 110 g de legumes.

Eventos:

a. Para festas com menos de 1 hora, são necessários 3 a 5 pequenos aperitivos por pessoa

b. Para festas de 2 horas, são necessários 7 aperitivos por pessoa

c. Para festas de 3-4 horas, são necessários 10 aperitivos por pessoa

Podem ter a forma de pequenas sandes, mini-barbecues, bolachas com molho ou pão seco com sementes.

7. Fazer a diferença e colocá-la na lista de compras

É o ponto decisivo para uma boa gestão dos recursos. Ao adotar este comportamento, poderá libertar o seu frigorífico após 2 ou 3 ciclos.

8. Quando chegares à loja, tenta usar a lista de compras

A visita à loja é um grande teste para enfrentar as tentações, às quais tem de resistir para ser bem sucedido. Eis algumas das formas de o conseguir:

Evitar fazer compras quando se tem fome.

Não se oponha à experimentação, mas não ofereça mais do que um produto único em cada sessão de compras.

Adapte o seu cesto à quantidade de alimentos que tem para comprar: a sensação de cesto vazio cria o desejo de o encher.

Na medida do possível, tente reservar sessões de compras especiais para eventos de grande dimensão.

Conselhos para armazenar alimentos:

Certifique-se de que a temperatura do frigorífico é inferior a 5 graus Celsius. As estatísticas de investigação mostram que mais de 70% dos frigoríficos não cumprem este requisito, estando regulados para o mínimo, para poupar energia. Acima desta temperatura, alguns produtos degradam-se muito rapidamente.

Não colocar o pão no frigorífico. Seca muito rapidamente. Se comprou demasiado, coloque o excesso no congelador e, quando precisar dele, leve-o 30 minutos antes de o consumir.

Não armazenar os restos de comida durante mais de 5 dias.

Não colocar no frigorífico legumes enraizados, frutas como a banana ou o ananás, que podem ser conservados na varanda ou numa câmara frigorífica.

Deixar no frigorífico os vegetais frescos (salada, fruta, verdura) na sua embalagem original; estes podem ser conservados durante mais tempo nestas condições.

Os produtos em embalagens abertas devem ser consumidos com prioridade. Alguns mencionam o prazo máximo de conservação e as condições de conservação após a abertura da embalagem, sendo preferível seguir as recomendações do rótulo.

Selecionar e congelar produtos perto da data de validade.

Os produtos descongelados devem ser utilizados no prazo de 24 horas.

Utilizar a regra de ouro do consumo: primeiro a entrar, primeiro a sair.

Conselhos sobre a programação da lista de menus:

Uma das principais fontes de desperdício é a comida cozinhada, quer seja em excesso e a família fique saturada, quer não seja muito saborosa.

Os chefes ou cozinheiros de cada casa sentem uma pressão constante deste ponto de vista. Por esta razão, a programação das ementas deve ser efectuada pelo menos uma vez por semana.

A escolha deve ter em conta vários critérios:

Na segunda-feira, deve fazer uma alimentação baseada na transformação ou no consumo dos excessos do fim de semana.

Às sextas-feiras, deve haver um menu picante, depois de um fim de semana com muitas guloseimas.

Deixe os pratos de carne de vaca, porco ou borrego para o fim de semana. Nos outros dias, pode consumir frango, peru ou peixe. A carne de pato ou de ganso também é preferível a ser programada para o fim de semana.

Tire dias sem carne, de preferência antes do fim de semana.

Quadro 33. Proposta de calendário culinário de 14 dias

	Week 1	Week 2
Monday	Stew with a mixture of meat Gratinated vegetables	Meat stew with potatoes and vegetables
Tuesday	Grilled chicken with gratinated vegetables	Chickenpeas with shell meat and garlic
Wednesday	Pasta carbonara	Fish with Mayonnaise, Vegetables and Garlic
Thursday	Roasted fish with pepper	Chicken with polenta
Friday	Rice with vegetables and seafood	Vegetable stew with pickles
Saturday	Beef with chilli sauce	Duck / goose with cabbage
Sunday	Pork / lamb grill Rustic potatoes	Roasted lamb / beef / pig

Ao preparar qualquer receita, é necessário ter em conta algumas regras de sucesso:

A comida mais apreciada é aquela a que estamos habituados. Toda a gente prefere comida em casa. E as crianças são as mais conservadoras relativamente às surpresas.

Ser criativo mas não aventureiro. Ajude com receitas fornecidas por profissionais, mas ouça a sua experiência pessoal.

Tente reutilizar as sobras quando estas forem em quantidades inferiores a 2 porções. Por vezes, basta fazer ajustes mínimos para dar um novo sabor à sua comida. Um ingrediente aromatizado (alho, por exemplo) ou uma oferta de legumes suculentos ou outros acompanhamentos podem fazer a diferença.

Não marque uma pizza ou um guisado se não tiver sobras. Ficam com um sabor delicioso com carne no dia seguinte.

Conselhos de consumo alimentar (troca de ideias, refeições comunitárias).

Tenha cuidado com os rótulos dos produtos:

O termo "consumir de preferência antes de..." refere-se ao prazo após o qual certas qualidades organolépticas e nutricionais dos produtos podem perder-se; não é um prazo para além do qual surgem riscos de segurança alimentar, pelo que pode consumir os alimentos se não sentir nada de errado com eles.

A menção até ... diz respeito a riscos para a segurança alimentar; não utilize o produto após essa data!

Utilizar a regra de ouro do consumo: primeiro a entrar, primeiro a sair.

Não seja muito enérgico quando limpar a casca ou cortar as cabeças dos legumes, pois muitas vezes são perfeitamente comestíveis.

Se tiver mais comida do que esperava, surpreenda os seus vizinhos com uma porção.

Pelo menos uma vez por mês, tente participar em refeições de grupo, quer dividindo o que cada um preparou, quer cozinhando em grupo.

Quando participar num jantar de refeições conjuntas, prepare pequenas porções, no máximo ¼ - ½ das porções normais. Pense que toda a gente lhe vai trazer alguma coisa. As festas colectivas são refeições de degustação.

Se experimentar um novo tipo de alimento, não exceda ¼ de porção por pessoa. Se não for bem sucedido, não há problema, se for bem sucedido, pode refazê-lo no futuro.

A congelação é uma forma de conservar as refeições restantes, caso já não as queira. A regra de ouro é congelar porções para 1 dia. Mais do que isso irá provavelmente para o lixo. Vale a pena reutilizar quantidades mais pequenas.

As sopas que acompanham a base podem ser as principais formas de reutilizar os resíduos de todos os tipos de produtos e/ou pratos: carne, saladas, legumes, etc.

Os concentrados (caldos) são a solução final para os resíduos de várias preparações, incluindo o primeiro prato. Podem ser preparados a partir de qualquer mistura, geralmente agrupados em tipos de carne (aves, bovinos, suínos, peixes, etc.) e podem ser obtidos misturando os produtos com ossos, adicionando água (se não houver líquido suficiente para ter uma consistência de sopa) e fervendo em lume brando até reduzir o volume para a consistência de um xarope. Filtrar e, depois de arrefecer, conservar no frigorífico ou mesmo no congelador.

Estes darão um excelente sabor aos pratos, sem ter de colocar muita carne, ou nenhuma.

O pão prestes a expirar pode ser transformado em migalhas, se for ligeiramente moído num moinho ou num almofariz. Se o cortar em cubos com cerca de 1 cm de lado, temperar com muito pouco óleo e as suas especiarias favoritas (o alho é frequentemente utilizado) e deixar cozer no forno, vigiando e mexendo de vez em quando, obterá uns excelentes croutons de sopa.

O leite também pode ser utilizado após a acidificação. Transforma-se em leitelho ou, fervendo-o, obtém-se queijo fresco. O soro obtido pode ser utilizado para cozer polenta para bulz ou pode ser utilizado em caldos.

BIBLIOGRAFIA

1. *** Comisia Europeana, Studiu pregatitor privind risipa alimentara in cele 27 de state membre ale UE, Paris 2010.

2. ****, Department for Environment Food & Rural Affairs, Policy paper 2010 to 2015 government policy: waste and recycling, Atualizado em 8 de maio de 2015

3. ****, http://www.zerowastescotland.org.uk/content/meeting-regulations-legislação

4. ****, https://www.eurofoodbank.eu/poverty-waste/food-waste

5. ***, Comisia pentru agricultura si dezvoltare rurala, RAPORT parlamentul European referitor la evitarea risipei de alimente: strategii pentru cresterea eficien | ei lanlului alimentar din UE (2011/2175(INI)).

6. ***, Contrato n.º: 07.0307/2009/540024/SER/G4 , 2010, Estudo preparatório sobre resíduos alimentares na UE27 - Relatório final, ISBN: 978-92-79-22138-5,

7. ***, Fusions_Food waste data set for EU-28.New estimates and environmental impact, 15 de outubro de 2015

8. ***, Grupul de Lucru MADR pentru Risipa alimentara (2014), Planul National de Actiune pentru Combaterea Risipei Alimentare

9. ***, Câmara dos Lordes, Comissão da União Europeia (2014), Counting the Cost of Food Waste: Prevenção dos resíduos alimentares na UE, 10.º relatório da sessão de 2013-2014

10. ***, Institutul National de Statistica (2015), Bilanturi alimentare 2014

11. ***, Institutul National de Statistica (2015), Disponibilitatile de consum ale populatiei in anul 2014,

12. Caronna Salvatore - raportor (2011), Raport referitor la evitarea risipei de alimente: strategii pentru cresterea eficientei lantului alimentar in UE (2011/2175 (INI))

13. Chalak Ali, Abou-Daher Chaza, Chaaban Jad, Abiad Mohamad G. (2016), The global economic and regulatory determinants of household food waste generation: A cross-country analysis, Waste Management 48 (2016) 418-422

14. Gentil C Emmanuel, Poulsen G Tjalfe (2012), To waste or not to waste - food?, Waste Management & Research 30(5) 455-456

15. Gottfied Avery, Franks Jessica, Shulman Tamara, Yang Wilbert, Tech Tetra (2015), Residential Food Waste Prevention - Toolkit for local government organisations, Issued for use File: ENVSWM03477-01

16. Gustavsson Jenny, Cederberg Christel, Sonesson Ulf, Van Otterdijk Robert, Meybeck Alexandre, Global food losses and food waste, 2011

17. Herszenhorn Estelle, Quested Tom, Easteal Sophie, Prowse Giles, Lomax James, Bucatariu Camelia (2014), Prevention and reduction of food and drink waste in business and households - Guidance for governments, local authorities, businesses and other organisations, Version 1.0, ISBN: 978-92-807-3346-4 Job Number: DTI/1688/PA "

18. Manea Iulia, Neaga Mariana, Mavrodin Simona, Fotache Corina (2016), Coordonate ale nivelului de trai in Romania - Veniturile si consumul populatiei in anul 2015, ISSN: 2066-0383, ISSN-L: 1583-2392, Compartimentul dezvoltare aplicalii electronice, INTERNET si INTRANET © INS 2016"

19. O'Donnell Thomas, Reducing households food waste, Food Too Good To Waste Program, U.S. Environmental Protection Agency, Region 3 (NAHE), Philadelphia, PA

20. Priefer Carmen, Jorissen Juliane, Brautigam Klaus-Rainer (2013), Alegeri pentru reducerea risipei de alimente,IP/A/STOA/FWC/2008-096/Lot7/C1/SC2 - SC4

21. Stancu Violeta, Haugaard Pernille, Lahteenmaki Liisa (2016), Determinants of consumer food waste behaviour: Two routes to food waste, Appetite 96 (2016) 717

22. Stefan Violeta, Van Herpen Erica, Tudoran Ana Alina, Lahteenmaki Liisa (2013), Avoiding food waste by Romanian consumers: The importance of planning and shopping routines, Food Quality and Preference 28 (2013) 375-381

I want morebooks!

Buy your books fast and straightforward online - at one of world's fastest growing online book stores! Environmentally sound due to Print-on-Demand technologies.

Buy your books online at
www.morebooks.shop

Compre os seus livros mais rápido e diretamente na internet, em uma das livrarias on-line com o maior crescimento no mundo! Produção que protege o meio ambiente através das tecnologias de impressão sob demanda.

Compre os seus livros on-line em
www.morebooks.shop

Printed by Books on Demand GmbH, Norderstedt / Germany